I0001715

LES ANIMAUX

D'AUTREFOIS

PAR

M. VICTOR MEUNIER

ORNÉ DE GRAVURES SUR BOIS

DEUXIÈME ÉDITION

TOURS

ALFRED MAME ET FILS, ÉDITEURS

M DCCC LXXIV

LES

ANIMAUX D'AUTREFOIS

Palæotherium.

NOTIONS PRÉLIMINAIRES

L'intelligence de ce livre nécessite la connaissance de l'ordre de superposition des couches du globe. Nous en donnons ici le tableau, auquel le lecteur aura souvent besoin de recourir.

TERRAINS QUATERNAIRES.	(Dits aussi : Alluvions anciennes et diluviennes.	
TERRAINS TERTIAIRES.	FORMATION PLIOCÈNE.	(Dite aussi : crag et étage subapennin.)
	FORMATION MIOCÈNE.	Faluns. Molasses.
	FORMATION ÉOCÈNE.	(Dite aussi : étage parisien.)
TERRAINS SECONDAIRES.	TERRAIN CRÉTACÉ.	Étage crayeux. Étage glauconieux. Étage des sables ferrugineux (ou étage néocomien).
	TERRAIN JURASSIQUE.	Oolithe supérieure. Oolithe moyenne. Oolithe inférieure. Étage du lias.
	TERRAIN DU TRIAS.	Argiles irisées. Muschelkalk. Grès bigarrés.
	TERRAIN PERMIEN.	Grès vosgien. Zechstein. Psephites (ou grès rouge).
TERRAINS DE TRANSITION.	TERRAIN CARBONIFÈRE.	Étage houiller. Mill-Stone-Grit. Calcaire carbonifère.
	TERRAIN DÉVONIEN.	Grès pourprés.
	TERRAIN SILURIEN.	Schistes ardoisiers.
	TERRAIN CUMBRIEN.	Phyllades, Grauwackes, Calcaires.
TERRAINS PRIMITIFS.	. . . .	Talcschistes. Micaschistes. Gneiss.

INTRODUCTION

I

Par *animaux d'autrefois* j'entends les *animaux fossiles*.

Mais n'allez pas croire qu'il soit très-aisé d'exprimer en peu de mots ce qu'on doit en-tendre par *animaux fossiles*.

Rien ne paraissait plus simple, il y a une trentaine d'années, que de les définir.

Les animaux fossiles étaient alors tous les animaux antérieurs à ce qu'on appelait la der-nière grande révolution du globe : en deçà de cette limite se trouvaient les *espèces actuelles* :

1*

au delà les *espèces fossiles*. En ce temps-là, si
rapproché encore de nous, et déjà si loin, on
se représentait l'histoire de la terre, comme
remplie d'événements terribles, de révolutions, de catastrophes (expression de Cuvier[1]),
de catastrophes épouvantables (expression de
M. Flourens[2]). Un savant naturaliste, Alcide
d'Orbigny, d'après qui les animaux et les végétaux auraient été à vingt-sept reprises dé-
truits par autant de cataclysmes généraux,
nous montrait, il n'y a pas encore quinze
années, les océans jetés hors de leur lit par
la dernière de ces révolutions, et faisant
« un grand nombre de fois » le tour entier
du globe[3].

Mais ces conceptions ne sont plus admises
que par les derniers survivants de l'époque
qui les a formulées.

[1] *Discours sur les révolutions du globe*. 1858, Firmin
Didot, p. 90.

[2] *Éloge historique de Georges Cuvier*. 1841, Paulin, p. 47.

[3] *Cours élémentaire de paléontologie et de géologie
stratigraphiques*, t. II, p. 834.

Il est certain, en effet, que la destruction complète et instantanée des faunes et des flores disparaissant pour faire place à des flores et à des faunes nouvelles subitement apparues; il est certain, dis-je, que ces changements à vue ne se sont jamais produits.

L'observation a montré qu'entre la fin d'une formation géologique et l'extinction des animaux et des végétaux qui lui ont appartenu, qu'entre le commencement d'une formation géologique et la création de nouvelles plantes et de nouveaux êtres animés, il n'y a point de coïncidence nécessaire. Les animaux et les végétaux d'une période passent dans la période suivante à travers la catastrophe chimérique qu'on prétendait intercaler entre celle-ci et celle-là. On voit des formes organisées jusque-là inconnues surgir à un moment quelconque d'une de ces périodes, de même qu'on voit des formes vieillies disparaître en temps de calme et comme mourant de leur belle mort.

Ainsi, par exemple, l'ancienne géologie pla-

çait une « catastrophe épouvantable » entre
la formation éocène, qui est l'étage inférieur
du terrain tertiaire, et la craie, qui est l'étage
supérieur des terrains secondaires. Mais l'illustre naturaliste Ehrenberg a montré que
la craie, entièrement formée de polypiers et
de coquilles, contient les restes d'un grand
nombre de mollusques qui vivent encore aujourd'hui. « Ainsi, à toute rigueur, disait à ce
sujet M. de Humboldt, le groupe tertiaire qui
repose immédiatement au-dessus de la craie,
groupe ordinairement nommé *couches de la
formation éocène*, ne mérite pas ce nom, « car
« l'aurore du monde où nous vivons s'étend
« bien plus avant dans les âges antérieurs
« qu'on ne l'a cru jusqu'à présent[1]. »

Et en effet, l'identité spécifique qui vient
d'être constatée entre un grand nombre de
coquilles de la craie et de coquilles vivantes,
se continue à travers tous les étages tertiaires
entre certaines coquilles de ces étages et les

---

[1] Humboldt emprunte ces derniers mots à Ehrenberg.

coquilles vivantes. Récemment encore[1], on présentait à l'Académie des sciences un beau pecten (mollusque) rapporté par M. le docteur Barthe des mers du Japon et de la Manche de Tartarie, et que MM. d'Archiac, Élie de Beaumont et Valenciennes reconnaissent pour être de la même espèce que les grands pectens qu'on trouve à l'état fossile dans les dépôts supérieurs de l'Astesan (Piémont) et d'autres lieux.

Que devient, en présence de ces faits, le cataclysme général que l'ancienne géologie plaçait entre les terrains tertiaires et les quaternaires ? Et comment ce cataclysme s'accorde-t-il avec cet autre fait que l'ours des cavernes, l'éléphant primitif, le rhinocéros à narines cloisonnées, l'élan d'Irlande et l'aurochs (nous pourrions multiplier les exemples), après avoir été contemporains des terrains tertiaires supérieurs (pliocène), l'ont été des terrains quaternaires?

M. Élie de Beaumont lui-même, qui par ses

[1] En 1858.

grands travaux, avait donné tant de force au
système que nous combattons, M. Élie de
Beaumont, amené par la présentation de ce
pecten, dont il vient d'être question, à constater « l'identité spécifique de certaines coquilles des différentes assises tertiaires avec
des coquilles qui vivent encore dans diverses
mers », déclare que cette identité vient à
l'appui de l'opinion, que le changement total
qu'on remarque souvent dans les coquilles
fossiles en passant d'une couche à celle qui
lui est immédiatement superposée, *pourrait
tenir, dans beaucoup de cas, à ce que les révolutions du globe auraient quelquefois changé
les habitations des espèces plutôt qu'elles ne les
auraient anéanties.*

Voilà l'importance des *révolutions du globe*
bien amoindries.

Il faut donc reconnaître que les *révolutions*
n'ont eu ni la généralité ni l'intensité que la
science s'était plu à leur attribuer. La force
créatrice n'a pas, comme le croyait Alcide
d'Orbigny, vingt-sept fois anéanti son œuvre

pour la reconstruire vingt-sept fois, en la
perfectionnant toujours. Le progrès n'a pas
eu cette allure farouche. Sans cesse la puissance créatrice élimine, et sans cesse elle
ajoute, mais d'un travail continu. L'idée de
révolution subsiste assurément, mais épurée,
comme exprimant un changement radical
produit par l'expansion, de longue main pré-
parée, d'un élément qui, se subordonnant le
système dans lequel il s'est développé, change
l'assiette de ce système. L'embryogénie est
pleine de révolutions de ce genre, et l'histoire
de la vie sur la terre n'en a pas vu d'autres.

Quant à cette révolution générale, la dernière de toutes selon l'ordre chronologique,
qui dans les anciennes idées établissait la
ligne de démarcation entre les espèces actuelles et les espèces fossiles, c'est entre les
alluvions anciennes, dites aussi *terrains quaternaires*, *terrains diluviens* et *diluvium*, c'est
entre ces terrains et les *alluvions modernes*
qu'on la plaçait.

Or, à cette époque quaternaire qui a pré-

cédé l'époque actuelle, vivaient de grands
mammifères, datant pour la plupart des terrains pliocènes, et qu'on peut classer en trois
catégories sous le rapport de la destinée qu'ils
ont eue :

Les uns n'ont pas dépassé l'époque quaternaire; ils se sont éteints pendant sa durée :
tels sont en Europe l'ours et l'hyène des cavernes, l'éléphant primitif, le rhinocéros à
narines cloisonnées; en Amérique : le *megatherium*, le *megalonix*, le *mylodon*, le *glyptodon*, le *cheval*, etc...; car si le cheval était
inconnu au nouveau monde lors de la découverte de ce continent, les travaux de
M. Lund nous ont appris qu'il y avait existé
pendant les temps quaternaires. Si tous les
animaux de cette époque avaient eu la même
destinée, nous pourrions croire, en effet,
qu'une grande révolution s'est accomplie
entre les alluvions anciennes et les alluvions
modernes. Mais il n'en a pas été ainsi.

D'autres grands animaux, en effet, contemporains du *diluvium* comme les précédents,

ont survécu au diluvium, et sont devenus
contemporains des alluvions modernes; tous
cependant ne sont pas parvenus jusqu'à nous.
En certaines espèces, le principe de vie s'est
éteint avant le moment présent, et on trouve
leurs restes dans les dépôts les plus récents :
tel est l'élan d'Irlande, l'élan aux grandes
cornes (*megaceros hibernicus*), dont les bois
gigantesques et les os gisent dans les tourbières, pêle-mêle avec des os humains, et que,
d'après M. Marcel de Serres, les Romains faisaient encore venir d'Irlande. Tel est aussi
l'urus (*bos primigenius*) qui au temps de César, qui au temps même de Sénèque et de
Pline, existait encore dans les grandes forêts
de la Germanie.

Enfin quelques autres espèces quaternaires
sont encore des nôtres, et tels sont le bœuf,
le buffle, le cheval, le cerf commun et l'aurochs.

C'en est assez pour montrer qu'aucune révolution n'a établi de limite entre les espèces
fossiles et les espèces vivantes, et que par

conséquent la définition qui eût paru bonne
autrefois n'est plus admissible aujourd'hui.

Réserverons-nous l'épithète de *fossile* aux
animaux dont l'espèce est éteinte? C'est le
sens que lui attache le vulgaire, et c'est même
ainsi que Cuvier l'entendait : « Qu'on se demande, dit Cuvier, pourquoi l'on trouve tant
de dépouilles d'animaux inconnus, *tandis*
qu'on n'en trouve aucune dont on puisse dire
qu'elle appartient aux espèces que nous con-
naissons, et l'on verra combien il est probable
qu'elles ont toute appartenu à des êtres d'un
monde antérieur au nôtre, à des êtres dé-
truits, par quelques révolutions du globe, à
des êtres dont ceux qui existent aujourd'hui
ont rempli la place. » Alcide d'Orbigny, plus
formel encore, écrit : « Toutes les couches
terrestres, depuis les plus anciennes jusqu'aux époques les plus rapprochées de nous,
ne contiennent que des fossiles perdus, » et
il ajoute : « Les fossiles ne sont pas perdus
seulement par rapport à la nature actuelle ;
les familles, les genres, et *dans tous les cas*

les espèces le sont encore presque tous d'un étage géologique à l'autre. » Mais la science a marché, et aujourd'hui *animaux fossiles* et *animaux perdus* ne sont plus choses iden-. tiques. Une foule d'espèces auxquelles s'applique sans contestation possible la qualifica-, tion de *fossiles*, comptent encore parmi celles qui animent actuellement la terre. Nous venons de voir que c'est le cas d'un grand nombre de coquilles de l'époque crétacée, et de certaines coquilles tertiaires. C'est aussi, parmi les mammifères, celui de l'aurochs et du renne. On a émis l'opinion que le *grand chat des cavernes* est le même lion qui, lors de l'invasion de Xerxès, inquiétait en Macédoine les soldats du *roi des rois*, et que ce lion existe encore en certains cantons retirés de l'Asie ; si cette opinion est fondée, le *felis spelœa*, pour être encore vivant, n'en sera pas moins fossile. La définition proposée serait donc trop étroite, elle n'embrasserait pas tout ce qu'elle doit contenir. Passons.

Éliminant l'idée d'extinction, qui n'est pas

essentielle, appellerai-je fossiles tous les animaux dont les restes ou les vestiges sont conservés dans les couches de la terre? Mais à
ce titre nos sépultures seraient du domaine
de la paléontologie [1]; les ossements d'hommes
et d'animaux enfouis dans les champs de ba-
taille seraient des ossements fossiles. La définition pècherait donc par un excès opposé à
celui où tombait la précédente; elle embrasserait tant de choses, qu'elle ne désignerait
plus rien. Passons encore.

Mais peut-être deviendra-t-elle exacte si
nous y instroduisons et l'idée d'ancienneté et
l'idée d'une action produite sans l'intervention de l'homme. Les animaux fossiles seraient donc alors ceux dont les restes ont été
enfouis *anciennement* et *naturellement* dans
les couches du globe. Voyons cela.

Et d'abord qu'entendrons-nous par ancienneté? Où cette ancienneté fera-t-elle place à
la nouveauté? Finira-t-elle, par exemple, au
moment où les temps historiques commen-

[1] La *paléontologie* est la science qui traite des fossiles.

cent? Rien ne serait plus arbitraire; car, en
quoi le plus ou moins de précision et d'é-
tendue de nos souvenirs relativement à nous-
mêmes, peut-il influer sur la valeur intrin-
sèque des faits qui ont leur histoire propre
indépendante de la nôtre? Pouvons-nous
qualifier l'ours des cavernes et l'éléphant primitif de fossiles, et refuser cette qualification
au dronte, uniquement parce que les deux premiers se sont éteints en un temps dont nous
ne nous souvenons plus, tandis que le dernier s'est éteint en un temps dont nous nous
souvenons parfaitement. La distinction n'aurait rien de sérieux. Et non-seulement cette
manière d'entendre les choses serait arbitraire, mais encore elle ne nous permettrait
d'établir aucune démarcation précise entre les
animaux fossiles et ceux qui ne le sont pas.
La science, en effet, porte en ce moment
même sa lumière dans un passé que d'éter-
nelles ténèbres sembleraient devoir ravir à
notre connaissance, et elle restitue à l'histoire
les temps qu'elle éclaire; où les anciens écri-

vains montraient un commencement, nous
ne voyons plus qu'une des étapes du développement humain. Jusqu'où ira cette résur-
rection du passé? nul ne saurait le dire. Ce
n'est donc pas là que nous trouverons la
limite cherchée.

Ferons-nous finir l'*ancienneté* au sens paléontologique à la création de l'homme. C'est
ainsi que l'entendait l'école de Cuvier. Nous
dirions donc que les fossiles sont ceux dont
les restes gisent dans les terrains déposés
avant l'apparition de notre espèce.

Mais, outre que la date géologique de
ce grand fait est inconnue, elle ne saurait
nous fournir, fût-elle découverte, qu'une limite de fantaisie. Supposons, par exemple,
que l'homme, que nous savons avoir vécu à
l'époque quaternaire, ne remonte pas au delà
de cette époque. L'éléphant primitif, le rhinocéros à narines cloisonnées, etc., mammifères qui datent des terrains tertiaires, ont eu
l'homme pour contemporain dans le quaternaire; alors de deux choses l'une : ou ces

animaux seront fossiles dans les terrains
tertiaires, et ils ne le seront pas dans le quaternaire; durant lequel ils se sont éteints, ce
qui sera absurde ; ou ils seront fossiles dans
le quaternaire, et alors la limite que devait
nous fournir la création de l'homme est ren-
versée, et dès que le *mammouth* est fossile
dans le diluvium, on ne voit pas pourquoi
le renne et l'aurochs, dont on trouve les restes
dans les cavernes, ne le seraient pas, et le
cervus megaceros et l'*urus*, qui existaient encore au temps de César, et le dronte, qui ne
s'est éteint qu'au siècle dernier, etc... En résumé, l'apparition de l'homme, n'ayant rien
changé au déroulement des faits paléontologiques, ne peut nous fournir la ligne de démarcation que nous cherchons.

Voilà pour l'ancienneté.

L'idée qu'exprime le mot *naturellement*
nous sera-t-elle d'un plus grand secours?
Non.

Séparer ici l'action de l'homme de celle de
la nature, c'est encore faire de l'arbitraire.

L'homme a pris une part incontestable à la destruction du dronte; mais n'est-il pour rien dans l'extinction de l'ours, du tigre et de l'hyène des cavernes, de l'éléphant primitif, du rhinocéros à narines cloisonnées, de l'*hippopotamus major*, de l'élan d'Irlande, tous disparus du monde depuis qu'il habite l'Europe? N'est-il pour rien dans la disparition du *dinornis* à la Nouvelle-Zélande, de l'*épiornis* à Madagascar? Qui pourrait faire sa part? D'ailleurs, quand l'homme porte le ravage dans sa propre espèce ou parmi les espèces distinctes de la sienne, fait-il autre chose que ce qu'ont fait avant lui tous les animaux de proie? Qu'une espèce soit chassée de la contrée qu'elle habitait, ou même totalement anéantie par le lion ou par l'homme, le résultat n'est-il pas exactement le même? J'ajoute qu'établir ici des catégories, mettre l'homme d'un côté, la nature de l'autre, c'est se priver du moyen de voir clair dans le grand phénomène de l'extinction des espèces.

On voit donc que, comme je le disais en commençant, la limite entre les espèces fossiles et les espèces vivantes n'est point aisée à établir. Entre les unes et les autres, les transitions sont multipliées, insensibles. Ne nous en plaignons pas. Si le phénomène de l'extinction des espèces avait cessé de se produire, nous serions condamnés à n'y jamais rien comprendre. C'est parce que le contraire a lieu que nous pouvons prétendre à expliquer ce qui s'est passé autrefois ; pour cela, en effet, il nous suffit d'être attentif à ce qui se passe aujourd'hui.

II

Personne n'ignore que le nom de Cuvier est indissolublement lié à l'histoire de la paléontologie. Il avait eu des précurseurs ; la grande idée qu'il y a des espèces perdues

avait été émise; la détermination des espèces
dont les restes reposent dans les entrailles
du globe 'avait été tentée; mais c'est par
Cuvier que la paléontologie existe comme
science distincte. On l'a vu, à l'aide de quelques débris, faire renaître pour la science des
animaux disparus depuis des milliers de siècles. Ses profondes connaissances en anatomie comparée lui permirent d'accomplir des
prodiges. Laissons l'historien de Cuvier ex-
poser la méthode dont l'emploi conduisit à
tant d'immortelles découvertes.

« Le principe qui a présidé à la reconstruction des espèces perdues est celui de la
corrélation des formes, principe au moyen
duquel chaque partie d'un animal peut être
donnée par chaque autre, et toutes par une
seule.

« Dans une machine aussi compliquée, et
néanmoins aussi essentiellement une que celle
qui constitue le corps animal, il est évident
que toutes les parties doivent nécessairement être disposées les unes pour les autres,

dé manière à se correspondre, à s'ajuster entre elles, à former enfin, par leur ensemble, un être, un système unique.

« Une seule de ces parties ne pourra donc changer de formes sans que toutes les autres changent nécessairement aussi. De la forme de l'une d'elles on pourra donc conclure la forme de toutes les autres.

« Supposons un *animal carnivore;* il aura nécessairement *des organes des sens,* des *organes du mouvement,* des *doigts,* des *dents,* un *estomac,* des *intestins,* disposés pour apercevoir, pour atteindre, pour saisir, pour déchirer, pour digérer une proie ; et toutes ces conditions seront rigoureusement enchaînées entre elles; car, une seule manquant, toutes les autres seraient sans effet, sans résultat; l'animal ne pourrait subsister.

« Supposez un animal *herbivore,* et tout cet ensemble de conditions aura changé. Les *dents,* les *doigts,* l'*estomac,* les *intestins,* les *organes du mouvement,* les *organes des sens,* toutes ces parties auront pris de nouvelles

formes, et ces formes nouvelles seront toujours proportionnées entre elles et relatives
les unes aux autres.

« De la forme d'une seule de ces parties,
de la forme des *dents* seules, par exemple,
on pourra donc conclure, et conclure avec
certitude, la forme des *pieds*, celle des *mâchoires*, celle de *l'estomac*, celle des *intestins*.

« Toutes les parties, tous les organes se
déduisent donc les uns des autres, et telle est
l'infaillibilité de cette déduction qu'on a vu
souvent M. Cuvier reconnaître un animal par
un seul os, par une seule facette d'os ; qu'on
l'a vu déterminer des genres, des espèces
inconnues, d'après quelques os brisés, et
d'après tels ou tels os indifféremment, reconstruire ainsi l'animal tout entier d'après une
seule de ses parties, en le faisant renaître
comme à volonté de chacune d'elles, résultats faits pour étonner, et qu'on ne peut rappeler sans rappeler en effet toute cette première admiration, mêlée de surprise ; qu'ils

inspirèrent d'abord, et qui ne s'est point en—
core affaiblie. »

La surprise, en effet, et l'admiration furent
portées au comble, à tel point qu'elles em-
pêchèrent les naturalistes d'apprécier à son
exacte valeur l'état rudimentaire où se trouvaient, même après le grand Cuvier, nos
connaissances en paléontologie.

Geoffroy Saint-Hilaire lui ne s'y trompa
point, et les immortelles *Recherches sur les
ossements fossiles* étaient publiées depuis
longtemps, qu'il n'hésitait pas à écrire que
« les temps d'un véritable savoir en paléontologie n'étaient pas encore venus ».

L'ensemble des travaux accomplis depuis
une vingtaine d'années justifie amplement
cette manière de voir. Ainsi, pour citer quelques exemples, les origines d'un très-grand
nombre et même de la plupart des fossiles
ont reculé dans le passé bien au delà des
époques qui leur avaient été assignées; les
mammifères sont descendus à la base du terrain jurassique; les sauriens, dans le vieux

grès rouge. Il est évident que, comme l'a dit
M. Élie de Beaumont, les cadres de la paléontologie avaient été établis sur un plan trop
étroit.

En second lieu, on a vu et l'on voit se multiplier les animaux de passage ou de transition, qui, loin d'appartenir à des types nouveaux, empruntent leurs caractères ambigus
à différents genres dans la nature vivante.

Troisièmement, le sens des faits paléontologiques commence à se laisser entrevoir.
Dans le célèbre *Discours sur les surfaces du
globe*, Cuvier cherchant quel lien rattache les
races perdues aux races actuelles, arrive à
conclure, contre Geoffroy Saint-Hilaire, que,
dans les faits connus, rien n'appuie le moins
du monde l'opinion que les fossiles aient pu
être les souches de quelques-uns des animaux
d'aujourd'hui.

Or qui voudrait s'en tenir à cette conclusion en présence des transitions multipliées
que nous révèle la paléontologie?

Enfin il n'est pas jusqu'à la méthode de

détermination créée et appliquée avec tant
de génie par Cuvier, à laquelle il ne soit nécessaire d'apporter de grands changements.

C'est ce dont on aura des preuves nombreuses dans les pages suivantes, où nous
allons passer en revue les espèces fossiles les
plus remarquables.

ANIMAUX D'AUTREFOIS

LES MAMMIFÈRES

LES SINGES

I

A la fin, et presque à la dernière page de son célèbre *Discours sur les révolutions du globe*, Cuvier, après avoir énuméré tous les genres d'animaux fossiles par lui découverts, faisait cette remarque :

« Ce qui étonne, c'est que parmi tous ces mammifères, dont la plupart ont aujourd'hui leurs congénères dans les pays chauds, il n'y ait pas eu un seul quadrumane, que l'on n'y

2*

ait pas recueilli un seul os, une seule dent de singe, ne fût-ce que des os ou des dents de singes d'espèces perdues [1]. »

Cuvier écrivait cela en 1830.

Quatre années après, M. Flourens, secrétaire perpétuel de l'Académie des sciences, lisant en présence de cette compagnie l'éloge de Cuvier, disait à son tour :

« Un fait bien remarquable, c'est que parmi tous ces animaux, il n'y a aucun quadrumane, aucun singe [2]. »

Cependant deux nouvelles années ne s'étaient pas encore écoulées, qu'on trouvait enfin un singe fossile, et, chose non moins remarquable que la découverte elle-même, on le trouvait, non dans les couches les plus récentes du globe, mais dans le terrain tertiaire moyen (miocène).

Voici en quels termes un paléontologiste éminent, que nous aurons de fréquentes occasions de citer, M. Albert Gaudry, résumait il y a peu de temps, dans les premières livrai-

---

[1] *Discours sur les révolutions du globe.* Paris, 1818, Firmin Didot; p. 221.

[2] *Analyse raisonnée des travaux de Georges Cuvier, précédée de son Éloge historique.* Paris, 1841, Paulin; p. 17.

sons d'un ouvrage dont la publication vient
d'arriver à son terme [1], l'état de nos connaissances sur ce point important.

« L'existence d'un singe fossile fut pour la
première fois signalée en 1836. MM. Baker et
Durand décrivirent, dans le *Journal de la
Société asiatique du Bengale*, une demi-mâ-
choire supérieure d'un singe grand comme
l'orang-outang, voisin des semnopithèques
par sa dentition. Cette mâchoire avait été trouvée dans le terrain tertiaire moyen des monts
Himalaya, près de Sutley. »

« Bientôt après (1837), MM. Falconer et
Cautley rencontrèrent dans l'Inde quelques
autres débris de singe appartenant à des espèces différentes de celles qu'avaient décrites
MM. Baker et Durand : l'une a la taille de
l'espèce vivante nommée entelle ; l'autre est
plus grande.

« Au commencement de la même année
(1837), M. Lartet avait recueilli, non plus dans
un pays que les singes habitent de nos jours,
mais, chose plus curieuse, sur le sol même de
la France, une mâchoire d'un singe voisin des

[1] *Animaux fossiles et géologie de l'Attique.* Paris, 1862;
p. 19.

gibbons. Ce fossile est connu sous le nom de *pliopithecus antiquus*, Gerv.

« Par une singulière coïncidence, pendant cette année 1837, M. Lund annonçait également la découverte de débris de singes fossiles dans le nouveau monde. Il indiquait deux espèces trouvées au Brésil : l'une du genre *callithrix*, l'autre d'un genre inconnu qu'il nomma *protopithecus*, et qui n'avait pas moins de quatre pieds de haut. Ces espèces appartiennent à la *tribu des singes américains*.

« En 1839, M. Lyell a signalé dans le Londonclay de Suffolk les débris d'un singe que M. Owen a supposé d'abord pouvoir être un macaque (*macacus eocœnus*), mais il a dernièrement substitué à ce premier nom celui d'*eopithecus*. Dans son histoire des mammifères et des oiseaux fossiles, le même naturaliste a figuré une dent de *macacus pliocœnus* provenant de la terre à briques d'Essex.

« M. Gervais a découvert à Montpellier, dans une marne d'eau douce pliocène, une pièce de l'avant-bras et des dents, qu'il a décrites sous le nom de *semnopithecus Monspessulanus*.

« Enfin, M. Lartet a fait connaître un fragment de face, une mâchoire inférieure et un humerus du *dryopithecus Fontani*, grand singe qui rentre dans le groupe des singes supérieurs. Ces pièces ont été rencontrées dans le terrain miocène de Saint-Gaudens (Haute-Garonne), par M. Fontan. »

Dix espèces de singes fossiles étaient donc déjà connues en 1852, et on en avait trouvé dans tous les étages des terrains tertiaires :

Le *macacus pliocœnus*, dans l'étage supérieur ;

Le *dryopithecus Fontani*, dans l'étage moyen ;

L'*eopithecus* (nommé d'abord *macacus eocœnus*), dans l'étage inférieur [1].

II

De plus, parmi ces singes fossiles, il y en avait deux : le *pliopithecus antiquus* et le *dryopithecus Fontani*, découverts l'un et l'autre par M. Lartet, qui appartenaient au groupe

---

[1] M. Owen croit aujourd'hui reconnaître dans ce dernier un suidé. En échange, M. Rütimeyer a trouvé dans l'éocène trois dents qui proviendraient d'un quadrumane : *cœnopithecus lemuroides*.

des singes supérieurs (troglodyte, chimpanzé, orang et gibbon) ou des *anthropomorphes*, comme on les nomme.

De ces singes fossiles anthropomorphes l'un, le pliopithèque, a été contemporain des terrains tertiaires supérieurs (pliocène); l'autre, le dryopithèque, a été contemporain des terrains tertiaires moyens (miocène).

Le premier était de petite taille.

Le second, au contraire, dépassait en grandeur le chimpanzé adulte.

Les restes de celui-ci ont été trouvés dans un dépôt d'eau douce, un banc d'argile marneuse en exploitation, au bas du plateau sur lequel est bâtie la ville de Saint-Gaudens, et à l'entrée de la plaine de Valentine, qui s'étend de là jusqu'aux premiers contre-forts des Pyrénées. Ces restes consistaient en deux moitiés d'une mâchoire inférieure tronquées dans leurs branches montantes, en un fragment de la face antérieure de cette mâchoire où s'implantaient les dents incisives, en un humérus épiphysé à ses deux extrémités.

Ce singe diffère du chimpanzé, de l'orang, du gorille, du gibbon et du *pliopithecus*, par quelques détails dentaires, et surtout par le

raccourcissement de la face. Les incisives,
assez réduites, et les molaires, très-dévelop-
pées, démontrent que son régime était essentiellement frugivore. Le peu qu'on connaît de
ses membres indique plus d'agilité que de
force. M. Lartet pense qu'il vivait dans les
arbres, comme font aujourd'hui les gibbons;
de là le nom générique *dryopithecus* (de δρῦς,
chêne, et πίθηκος, singe).

III.

A la liste des singes fossiles donnée ci-
dessus, M. Gaudry vient d'ajouter un terme
nouveau et des plus remarquables formé par
un singe trouvé dans le terrain tertiaire supérieur (pliocène) de Pikermi en Grèce, et qui a
reçu le nom de *mesopithecus Pentelici*.

Pour bien saisir l'intérêt de cette découverte,
rappelons-nous ces paroles de Cuvier dans son
Discours :

« La moindre facette d'os, écrit-il, la
moindre apophyse, ont un caractère déterminé
relatif à la classe, à l'ordre, au genre et à
l'espèce auxquels elles appartiennent, au point

que toutes les fois que l'on a seulement une extrémité d'os bien conservé, on peut, avec de l'application, et en s'aidant, avec un peu d'adresse, de l'analogie et de la comparaison effective, déterminer toutes ces choses aussi sûrement que si l'on possédait l'animal entier.»

Le singe de Pikermi va nous dire si ce principe mérite une confiance absolue.

L'existence du mésopithèque était connue avant les travaux de M. Gaudry; mais c'est lui qui a déterminé les véritables caractères de ce fossile. Mésopithèque (de μέσος, milieu, πίθηκος, singe) signifie *singe intermédiaire,* et quoique M. Wagner, qui lui a donné ce nom en 1854, se soit trompé, comme il l'a reconnu, sur les rapports du singe ainsi dénommé avec les singes actuels, le nom de mésopithèque continue de convenir parfaitement à ce quadrumane.

M. Wagner ne possédant que des pièces du crâne, pièces probablement déformées, avait cru y voir un mélange des caractères distinctifs du semnopithèque avec ceux du gibbon, qui, comme on sait, est un anthropomorphe. La vérité est que l'animal du Pentélique n'a aucun rapport avec ce dernier. Mais, pour avoir d'autres affinités que celles qu'on lui supposait, il n'en est pas moins un singe *intermédiaire,* ainsi qu'on va le voir.

C'est en 1836 que M. Gaudry découvrit les premiers crânes normaux; ils étaient munis de leurs dents. D'accord avec M. Lartet, il rattacha au genre semnopithèque le singe de l'Attique. L'année suivante, M. Wagner, réformant sa première détermination pour se rapprocher de la manière de voir des deux paléontologistes français, proposa de faire du genre en question un sous-genre de semnopithèque. Enfin, en 1860, M. Beyrich, se basant sur l'examen d'un crâne complet, identifia le fossile dont il s'agit avec le semnopithèque, et lui donna le nom de *semnopithecus Pentelici.* Ainsi, à ne considérer que son crâne, le singe de l'Attique est un semnopithèque.

Les choses en étaient là, quand, dans cette même année 1860, M. Gaudry reprit ses fouilles interrompues depuis quatre années. Rarement un paléontologiste a eu le bonheur de faire des fouilles sur une aussi grande échelle. Elles furent si productives, que, outre vingt crânes et des mâchoires isolées, M. Gaudry se trouva en possession d'un assez grand nombre de pièces osseuses appartenant à toutes les régions du corps, pour pouvoir reconstruire presque en entier le squelette du mésopithèque.

Il put donc se rendre compte des proportions des membres, éléments de détermination dont on comprendra l'importance, si on réfléchit aux variations que ces appendices éprouvent dans une même famille parmi les singes actuellement vivants.

Or, étudié à ce point de vue, le singe de Pikermi se sépare tout à fait du semnopithèque. Tandis, en effet, que chez celui-ci les membres postérieurs sont bien plus longs que les membres de devant, l'inégalité est beaucoup moindre entre ceux du mésopithèque, qui se trouve à cet égard exactement dans le cas du macaque.

Semnopithèque par la tête, il est donc macaque par les membres, et même avec des nuances qui, jusque dans les parties par lesquelles il tient le plus étroitement à l'un ou à l'autre de ces deux genres, rappellent encore le genre dont il s'éloigne : ainsi, sa tête est un peu plus massive, ses dents sont un peu plus fortes que celles du semnopithèque, en quoi il se rapproche un peu du macaque ; et ses membres sont un peu moins lourds que ceux du macaque, en quoi il se rapproche un peu du semnopithèque.

Nous avons donc dans le mésopithèque un fossile qui emprunte ses traits à deux genres distincts dans la nature vivante, et qui s'intercale exactement entre eux ; et son histoire nous prouve que, pour reconnaître la place qu'un vertébré occupe dans la série zoologique, loin qu'une extrémité d'os suffise toujours, la tête entière n'est pas assez, il faut encore connaître les membres.

On remarque parmi les mésopithèques des différences considérables dans la dimension du crâne et des autres pièces du squelette, et dans la longueur des canines. Wagner en a conclu qu'il existait deux espèces de mésopithèques ; M. Gaudry montre que les os les plus robustes appartiennent à des mâles. Les mêmes différences s'observent parmi les singes vivants entre les deux sexes ; l'auteur rappelle à ce sujet ces paroles d'Audebert dans son *Histoire des singes et des makis :* « Les individus de chaque espèce de singe diffèrent entre eux d'une manière surprenante : ils diffèrent par

la grandeur, la grosseur et la couleur; aussi
a-t-on fait plusieurs espèces d'après ces différences individuelles. »

Écoutons maintenant M. Gaudry essayant

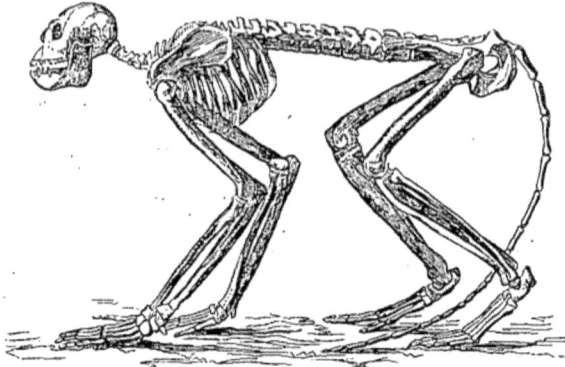

Squelette du mésopithèque.

de se représenter l'aspect et les mœurs du mésopithèque :

« Il est bien probable qu'un animal dont les
dents, les os, et par conséquent les muscles,
les tendons, les ligaments sont semblables à
ceux des singes existant aujourd'hui, s'en rapprochait aussi par son aspect extérieur.

« Le mésopithèque avait un demi-mètre de
long depuis la tête jusqu'à l'extrémité du bassin. Les os des membres postérieurs sont
plus grands que ceux des membres de devant;

mais comme l'omoplate augmente toujours
la longueur totale de ces derniers, son train
antérieur devait être à peu près aussi élevé

Mésopithèque restauré.

que son train de derrière. Il pouvait avoir
30 centimètres de haut quand il marchait à
terre [1]. Il avait donc les dimensions d'un petit
macaque, et par la proportion de ses membres il ressemblait assez à cet animal. Mais sa
tête était différente, et avait la même forme
que celle des semnopithèques ; sa face était peu

[1] Ces mesures sont prises sur des os de femelles. Le mâle
était un cinquième ou un sixième plus grand.

proéminente : il n'avait point, comme le macaque, deux grandes incisives supérieures. Sa
queue était très-longue proportionnellement
à la hauteur des membres; elle devait dépas-
ser un peu la longueur du corps, et par conséquent avoir plus d'un demi-mètre.

« Les singes, tels que les semnopithèques
et les guenons, dont les cuisses sont hautes,
sautent facilement de branche en branche ; les
gibbons, dont les radius sont démesurément
grands, embrassent aisément les tiges; aussi
les uns et les autres sont essentiellement grim-
peurs; ils vivent dans les arbres. Mais les
macaques, les magots, et en général les singes
qui ont des membres plus courts et moins
inégaux, n'ont pas les mêmes facilités pour
grimper; en compensation, ils marchent plus
commodément à terre que ceux chez lesquels
on observe une grande disproportion entre les
membres de devant et de derrière ; c'est pourquoi ils habitent plus souvent dans les rochers
que sur la cime des arbres. Il est donc probable que le mésopithèque, voisin des macaques par ses membres, se promenait sur les
rochers de marbre de la Grèce plus souvent
qu'il ne grimpait dans les arbres.

« D'après le nombre des individus qui ont. été recueillis, on peut supposer qu'il vivait en troupes comme les singes actuels. Nous lisons dans l'ouvrage d'Audebert : « Les voyageurs disent qu'on ne trouve jamais parmi les guenons d'une espèce quelconque des individus d'une espèce différente. » Puisqu'on ne rencontre à Pikermi qu'une seule espèce de singe, on doit penser qu'il en était du mésopithèque comme aujourd'hui des guenons, et que chaque troupe était composée d'individus appartenant tous à la même espèce.

« Les dents des singes les plus voisins de l'homme, tels que les chimpanzés et les gibbons, sont disposées suivant le type omnivore. Celles du mésopithèque sont très-différentes, et semblent avoir été destinées, comme les dents des semnopithèques, à broyer les parties ligneuses et herbacées des végétaux. Les dents des mâchoires inférieures sont usées sur le bord externe, et celles des mâchoires supérieures sont usées sur le bord interne. Ceci prouve que le mésopithèque mâchait comme nous, en faisant glisser la mâchoire inférieure en dedans de la mâchoire supérieure.

« M. Gervais a écrit que « la forme des tubérosités ischiatiques est en rapport avec l'absence ou la présence des callosités aux fesses ; les singes vivants qui ont les ischions aplatis en arrière ont des fesses calleuses ». Puisque le mésopithèque avait les ischions aplatis, c'était sans doute un singe à fesses calleuses.

« Le mésopithèque avait un pouce au membre de devant, et par conséquent il devait saisir habilement les objets avec la main ; cependant, comme son pouce est plus grêle que les doigts médians, il ne pouvait avoir autant de force de préhension que les singes les plus voisins de l'homme, chez lesquels le pouce est le doigt le plus gros.

« Le mésopithèque avait à la main de derrière les doigts plus longs qu'à la main de devant. Avec ces longs doigts incommodes pour la marche, il a dû, comme les singes des temps actuels, rester confiné dans d'étroits espaces. »

M. Gaudry termine en faisant remarquer qu'aucun des singes fossiles trouvés à Pikermi n'a les dents très-noires ; ils ne sont donc pas morts de vieillesse, et il semble que leur destruction a dû être causée par quelque bouleversement de la nature physique.

LES CARNASSIERS

I. — LES OURS

Le genre des ours est un des plus répandus
à l'état fossile. Ses os abondent en France, en
Belgique, en Allemagne, en Angleterre, etc.

Pendant des siècles on les a extraits du sol
par milliers, mais sans savoir le moins du
monde à quel animal ils avaient appartenu.
On les recherchait à cause des dents, auxquelles l'ignorance et la superstition attri-
buaient des vertus médicinales merveilleuses.
L'ancienne pharmacie les débitait sous le nom
de *licorne fossile*. On trouve dans les *Éphémé-*
rides des curieux de la nature une figure assez
bonne d'un crâne d'ours fossile, et c'est la
plus ancienne qu'on puisse citer; mais l'auteur
du texte qui accompagne cette figure s'évertue
à prouver que la tête représentée a appartenu

3

.à un dragon ailé, et il va jusqu'à prétendre
que ce dragon existe encore en Transylvanie.

Il y a plusieurs espèces d'ours fossiles.

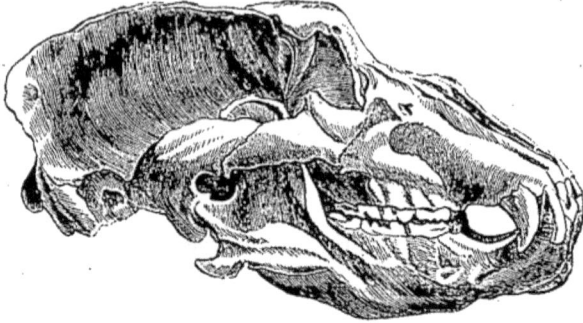

Crâne de l'ours des cavernes.

La plus célèbre et l'une des plus remarquables est le grand et terrible *ours des cavernes* (*ursus spelœus*), qu'on nomme aussi
ours à front bombé. Le premier nom vient de
ce que ses os se rencontrent habituellement
dans les cavernes, et le second de la forme de
ses os frontaux, dont chacun dessine une pro-
tubérance arrondie. Il était au moins d'un
quart plus grand que le plus grand des ours
bruns actuels, et cependant plus trapu que
ces derniers. Les squelettes que nous en avons
mesurent deux mètres de haut et trois mètres
de long.

De Blainville regardait l'ours des cavernes
et l'ours brun d'Europe comme formant une
seule espèce : opinion qui n'a pas été admise.
M. Nordmann, entre autres, professeur de
zoologie à l'université d'Alexandre, en Fin-
lande, a combattu cette manière de voir dans
la monographie complète de l'*ursus spelæus
Odessanus*, qui fait partie de sa *Paléontologie
de la Russie méridionale*.

M. Carl Vogt, dans ses *Leçons sur l'homme*,
tout en admettant qu'il y a entre l'ours des
cavernes et l'ours brun des différences de valeur spécifique, croit que le premier a été la
souche du second. Selon lui, les trois espèces
d'ours fossiles nommées : *ursus arctoides,
ursus leodiensis* et *ursus priscus*, formaient
transition entre l'ours des cavernes et l'ours
brun. L'*ursus arctoides*, qu'on trouve dans les
mêmes lieux que l'ours des cavernes, et dans
lequel Blainville voyait la femelle de ce dernier, l'*ursus arctoides*, aussi gros que l'ours
des cavernes, quoique ayant les os plus grêles
que lui, avait aussi le front moins bombé.
L'*ursus leodiensis*, plus petit que l'ours des
cavernes, avait le front encore moins bombé
que l'*ursus arctoides*. Enfin l'*ursus priscus*,

plus petit encore que l'*ursus leodiensis*, mais plus grand que l'ours brun, avait le profil de celui-ci. M. Ch. Vogt voit dans ces trois espèces fossiles autant d'états transitoires par lesquels l'ours des cavernes a passé pour se transformer en ours brun.

« L'énorme et terrible ours des cavernes correspondait aussi bien, — écrit-il, — aux circonstances dans lesquelles il vivait, que l'ours brun de nos jours aux circonstances actuelles ; et le premier, après avoir été long-temps conservé dans sa forme primitive, est devenu l'ours actuel dans un espace de temps peut-être relativement très-court. Par conséquent, les formes de passage, variables et indécises, qui se sont successivement formées dans l'intervalle, ont dû nécessairement être très-rares, comparativement aux deux formes extrêmes que nous reconnaissons comme espèces indépendantes [1]. »

---

[1] *Loc. cit.*, p. 606. Rien de plus commun, en effet, que les crânes d'ours des cavernes, tandis que ceux des trois espèces citées comme intermédiaires paraissent être fort rares.

II. — LE MÉTARCTOS

Le *métarctos* (de μετά, après, ἄρκτος, ours),
ainsi nommé par M. A. Gaudry, est intermédiaire entre les ours et les chiens.

Il ressemble aux chiens par la carnassière
et la dernière prémolaire de sa mâchoire inférieure.

· Il rappelle l'ours, et notamment l'ours blanc,
par divers caractères dentaires ; entre autres
par sa tuberculeuse allongée.

Il se rapproche encore plus du ratón que de
l'ours par la forme générale de sa mâchoire.

C'est le même animal que Roth, d'accord
avec Wagner, avait en 1832 nommé *gulo primigenius,* c'est-à-dire glouton primitif, d'a-
près une mâchoire à laquelle manquait précisément une des dents les plus caractéristiques,·
la tuberculeuse, par laquelle ce fossile se rapproche des ours; et notamment de l'ours blanc.

Roth crut donc que cette mâchoire avait
appartenu à un glouton (*gulo*), tandis qu'elle
provient d'un animal qui s'écarte notablement
des animaux vivants, d'un animal intermédiaire, comme il vient d'être dit, entre les

ours et les chiens, et qui doit être placé à la suite des premiers, comme son nom (*métarctos*) l'indique. Ainsi, au lieu qu'une seule dent permette toujours, comme on le répète constamment, de reconstruire en entier un animal perdu, il se trouve ici que l'absence d'une seule dent a suffi pour fausser la détermination.

« D'après la proportion des pièces qui sont connues, le *métarctos* devait, — dit M. Gaudry, — être grand comme une petite panthère. On en possède trop peu de débris pour dire quelles furent ses mœurs. Cependant on peut supposer qu'il ne se nourrissait pas essentiellement de proie vivante, comme les chats et les gloutons; il devait avoir une nourriture plus omnivore. Si, en effet, la brièveté de ses mâchoires semble montrer qu'il eut une grande force de mastication, la surface mousse du talon de sa carnassière, et surtout sa tuberculeuse inférieure, plus longue proportionnellement que dans aucun carnivore, indiquent que ses dents avaient d'autres usages que de couper de la chair [1]. »

[1] L'*amphicyon*, l'*hémicyon*, le *pseudocyon*, l'*arctocyon* sont des fossiles plus ou moins voisins du raton (*procyon*,

III. — L'ICTITHERIUM

L'*ictitherium* (de ἰκτίς, fouine, θηρίον, animal) est un carnivore de la famille des viverridés [1], mais c'est un viverridé qui passe aux
hyènes.

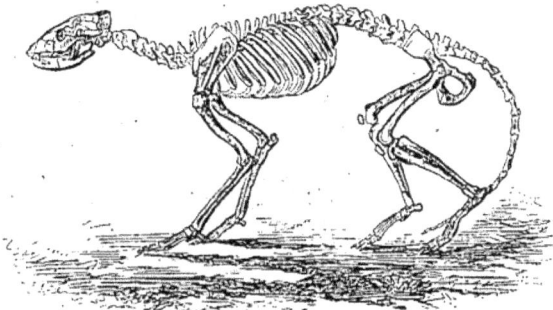

Squelette de l'*ictitherium robustum*.

Sa formule dentaire et plusieurs détails
d'ostéologie en font un viverridé; par la forme
de sa carnassière supérieure, par ses arcades

genre de la famille des ours) et du chien. M. Gaudry dit :
« Lorsque le *métarctos*, l'*amphicyon*, l'*hémicyon*, l'*arctocyon* seront plus complétement connus, on devra sans doute
en former un groupe qui comprendra en partie le genre
subursin de Blainville, et liera la famille des ursidés à celle
des canidés. »

[2] Famille dont la civette (*viverra*) est le type.

zygomatiques, par les trous de son crâne. et par ses caisses auditives, il participe aux caractères des hyénidés.

M. Gaudry en a .trouvé trois espèces à Pikermi :

L'une est l'*ictitherium robustum,* qui semble avoir été le carnassier le plus commun de la Grèce ancienne. Il est probable que son régime avait de l'analogie avec celui des hyènes, et peut-être même, comme l'hyène brune, venait-elle chercher sur le rivage de la mer les cadavres d'animaux marins que le flot y avait jetés.

La seconde espèce, l'*ictitherium hipparionum,* était plus grande que la précédente, et dépassait en grandeur tous les membres de la famille des viverridés. Elle était cependant moins puissante que les espèces connues des hyénidés. Ses dents diffèrent si peu de l'*ictitherium robustum,* qu'il est à croire qu'il avait le même régime que ce dernier.

La dernière espèce, l'*ictitherium Orbignyi,* se distingue aisément des précédentes par sa petite taille; elle était d'un tiers moins grande que la première, et moitié plus petite que la seconde. Elle ne semble pas non plus avoir eu

le même régime que celle-ci : ses dents, moins
épaisses et munies de denticules plus pointues.
font présumer qu'à défaut de chair elle se re-
jetait sur les insectes plutôt que sur les os; ce
qui d'ailleurs s'accorderait avec sa petite taille.
De même qu'aujourd'hui le zibeth de l'Inde
et la civette d'Afrique ont les genettes pour
acolytes; de même les grands *ictitherium* de
Grèce sont constamment accompagnés par
l'*ictitherium Orbignyi*.

IV. — LES HYÈNES

Le genre hyène, qui n'existe plus aujour-
d'hui en Europe, y est représenté à l'état
fossile par plusieurs espèces et par un nombre
immense d'individus.

Une des plus remarquables est l'*hyæna
spelæa* ou *hyène des cavernes*, qui l'emportait
pour la taille sur les hyènes actuelles. On
trouve ses ossements dans une foule de cavernes de France, en Allemagne, en Angleterre, mêlés ordinairement à des débris d'ours,
de rhinocéros et d'éléphants. Une caverne du
comté d'York est citée comme en renfermant

3*

des quantités prodigieuses. Buckland remarque
que ces os sont le plus ordinairement fracturés,
ce qui prouve que, comme font les hyènes d'aujourd'hui, celles d'autrefois dévoraient les cadavres des animaux de leur propre espèce.

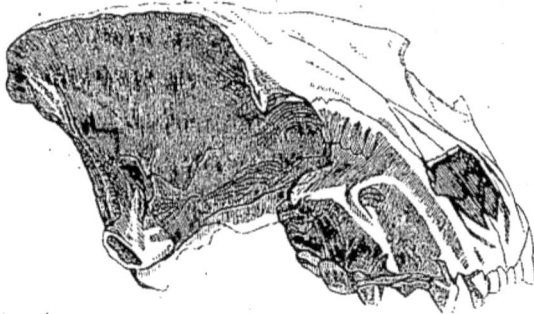

Crâne de l'hyène des cavernes.

Sœmmerring a décrit une tête d'hyène trouvée
dans une caverne d'Allemagne, qui présentait
une large blessure, faite peut-être par un des
lions ou des tigres d'alors; l'animal avait assez
vécu pour que la plaie se cicatrisât.

Pikermi a fourni à lui seul trois espèces
remarquables de la famille des hyènes, ou
voisines de cette famille; ce sont :

L'*hyæna eximia*,

L'*hyæna chæretis*,

Et l'*hyæna græca*.

L'*hyœna eximia* est intermédiaire entre les trois espèces d'hyènes aujourd'hui vivantes : la *tachetée*, la *brune* et la *rayée*.

Déjà la brune établissait par sa dentition le passage entre les deux autres; l'*eximia* par ses caractères dentaires rend le lien encore plus étroit.

« Ainsi, dit M. Gaudry, la nature se plaît dans de continuelles variations; mais la plupart de ces variations roulent ici dans le même cercle. L'*hyœna eximia* et les hyènes actuelles appartiennent évidemment au même type. Lorsqu'on les compare, on est frappé de leur similitude; on dirait que l'auteur de la nature les a copiées les unes sur les autres, sauf pour les détails de minime importance. L'étude des hyènes, comme celle de plusieurs genres de mammifères, entraîne à se demander si les naturalistes, qui regardent la notion de l'espèce comme le résultat de la perception d'une réalité matérielle, ont bien le droit de considérer la notion du genre comme une abstraction de notre esprit.

« L'*hyœna eximia* et les espèces vivantes fournissent, — ajoute-t-il, — une nouvelle preuve des difficultés qu'on rencontre lorsqu'on veut déterminer une espèce fossile avec des fragments isolés; dans une même espèce, les branches dentaires de la mâchoire inférieure varient en hauteur, les branches montantes s'élèvent suivant une inclinaison très-inégale; il existe un ou deux trous mentonniers; la première prémolaire subsiste longtemps, ou tombe de bonne heure. »

L'*hyæna eximia* était à peine plus grande que les hyènes vivantes; elle était un peu moins lourde que l'*espèce des cavernes*. Elle avait, comme les autres hyènes, le train de devant plus haut que le train de derrière [1]. D'après la conformation de ses membres, il est à croire qu'elle ne se servait pas de ses pattes pour déchirer sa proie, et qu'elle se nourrissait surtout de corps morts.

L'*hyæna chœretis* se rattache aux hyénidés par ses carnassières, mais s'en sépare par ses prémolaires. On ne la place auprès des hyènes que provisoirement; il est possible que, mieux connue, elle forme un type nouveau; ses pré-

---

[1] M. Gaudry dit à cette occasion : « Puisque tout a un but dans la nature, on peut se demander si les grandes jambes antérieures des hyènes ne servent pas à les retenir dans les descentes des cavernes, qui sont leur résidence habituelle. »

molaires, longues, étroites, écartées, paraissent indiquer, en effet, un régime alimentaire
différent de celui des hyènes.

L'*hyænictis* (de ύαινα, hyène, ίκτίς, fouine)
s'éloigne bien plus encore des hyènes, car elle
est munie d'une petite tuberculeuse inférieure,
dent qui n'a jamais été observée chez les
hyènes, et qui est, au contraire, un des caractères de la famille des *mustélidés,* dont la
belette est le type. C'est donc une hyène qui
passe aux mustélidés, et c'est ce que son nom
indique.

Ainsi nous trouvons chez deux hyénidés
(l'*hyænictis* et l'*hyæna eximia*) des caractères de viverridés et de mustélidés; d'autre
part, nous avons trouvé dans un viverridé
(l'*ictitherium*) des caractères de hyénidés; les
découvertes faites à Pikermi tendent donc à
unir l'une à l'autre les trois familles qui
viennent d'être nommées.

Isidore Geoffroy Saint-Hilaire disait en 1837,
à l'occasion de la découverte de la Galidie :
« La Galidie tend à lier avec les mustéliens les
mangoustes, les genettes, et par elles tout le
groupe des viverriens, déjà lié, par d'autres
groupes avec les félins, et surtout par d'autres

encore avec les ursiens. » On n'avait pas encore d'intermédiaire entre les viverridés ou
les mustélidés et les hyénidés; il était réservé
à M. Gaudry de les faire connaître. Avant les
fouilles faites par lui à Pikermi, la paléontologie n'avait ajouté aucun genre à la famille
des hyénidés.

« Je signalerai dans le courant de cet ouvrage, écrit-il, plus d'un passage analogue ;
car l'unité du monde se révèle sans cesse, soit
qu'on suive les êtres dans les diverses régions
du globe, soit qu'on les découvre à travers
l'immensité des âges. Si nous remarquons à
quel point, dans la nature vivante, les familles,
les genres, et même les espèces sont souvent
difficiles à délimiter, nous ne pouvons manquer d'être frappés de voir des animaux fossiles établir encore de nouveaux intermédiaires entre les êtres vivants. »

V. — LE GRAND CHAT DES CAVERNES
ET
LE MACHÆRODUS CULTRIDENS

Les lions et les tigres, qui aujourd'hui ne
se rencontrent pas plus en Europe que les

hyènes, y ont été très-largement représentés
autrefois. Ils l'étaient par des animaux d'une
taille très-supérieure à celle des grands félins
actuels. Le *felis spelæa*, *chat* ou *tigre des
cavernes*, dépassait en hauteur nos plus grands
taureaux, et avait quatre mètres de long. Il
tenait à la fois du lion et du tigre, ou plutôt il
est difficile de décider, par l'inspection de son
squelette, s'il était l'un ou l'autre.

Un carnassier plus remarquable encore, et
assurément un des plus curieux que la paléontologie ait enregistrés est le *machærodus
cultridens*. De même que le singe fossile de
la Grèce, le *mésopithèque*, se rapproche des
macaques par ses membres, et s'en éloigne
par sa tête, de même le *machærodus* rentre
par ses membres dans le type des félins, et
s'en écarte par sa tête.

Après le tigre des cavernes, c'est le plus
grand de tous les carnassiers vivants et
fossiles; son nom générique, *machærodus*
(de μάχαιρα, poignard, ὀδούς, dent), rappelle la
forme extraordinaire de ses énormes canines
supérieures, qui simulent des lames de poignard; son nom spécifique, *cultridens*, a la
même signification. Sa membrure était supé-

rieure à celle du tigre et même à celle du lion
actuels; c'est avec le premier qu'il a le plus
de rapports. La largeur de l'olécrane révèle
l'énergie des muscles extérieurs de son avant-
bras. Il pouvait faire quelques mouvements
de pronation et de supination. Ses pattes
étaient beaucoup plus fortes et plus lourdes
que celles du lion. Ses phalanges l'emportent
en largeur sur celles du tigre royal. La phalange unguéale du pouce était plus grande
que chez le tigre des cavernes. La force des
os du pouce dit assez avec quelle puissance il
saisissait sa proie vivante.

L'histoire de la découverte du *machœrodus*
nous fournit les mêmes enseignements que
nous a donnés celle du mésopithèque. On
n'eut d'abord de lui que ses effrayantes canines. On n'entreprit pas moins de déterminer
sa place dans la série. Reconstruire un animal
dont on ne connaît qu'une dent est un tour de
force qui pouvait, dans les premiers temps de
la science, flatter l'ambition des zoologistes;
mais, ainsi que M. Gaudry en fait la remarque,
« les plus habiles naturalistes y ont échoué. »
Ils échouèrent précisément dans le cas qui
nous occupe.

Ainsi, Cuvier; après·Nesti, fit du *machœ-rodus* un ours, l'*ursus cultridens*. Plus. tard on connut le crâne de cet ours prétendu. Enfin· M. Gaudry a été assez heureux pour trouver une notable partie des os et des membres : trois humérus entiers et un incomplet, deux radius en connexion avec leur cubitus, les deux pattes de devant dont une a conservé la plupart de ses os, et enfin le tibia d'un des membres postérieurs. Les membres montrent que le *machœrodus* était un félidé; mais il différait des autres par son haut menton et par la forme de ses canines supérieures.

« Le *machœrodus cultridens* a fait son apparition, — dit M. Gaudry, — dans le milieu de l'époque tertiaire. On pourrait l'appeler le roi des animaux de cette époque à autant de titres qu'on nomme le lion le roi des animaux actuels. On n'a pas encore cité dans la première période tertiaire un félidé aussi terrible ; peut-être n'en existait-il point; les pachydermes et les ruminants, dont les débris ont jusqu'à présent été rencontrés dans les terrains éocènes, n'ont pas les dimensions colossales de ceux des âges suivants, et ils ne sont pas aussi nombreux; par conséquent l'harmonie de la nature n'exigeait pas que les carnivores manifestassent une égale puissance. Quand on contemple la multitude et les dimensions des herbivores de Pikermi, on ne s'étonne pas de trouver dans ce gisement le *machærodus cultridens,* qui présente au plus haut degré le type d'un animal destiné à se nourrir de chair vivante.

« Sans trop de témérité, je crois, on peut s'imaginer ce carnivore taillant, au moyen de ses canines en forme de lames de poignard, des lanières dans le cuir si épais des pachydermes de la Grèce antique...

« Le *machærodus cultridens* qui se trouve à Pikermi a été cité en France, en Italie, dans la Hesse-Darmstad et en Hongrie. Si ces indications étaient toutes exactes, il faudrait admettre qu'il a eu un vaste domaine et qu'il a vécu longtemps.

« Je n'ai découvert les débris que de trois individus; dans les autres gisements où ce carnivore a été signalé, ses restes sont également rares. La nature ancienne, comme la nature actuelle, pour maintenir l'économie du règne animal, devait avoir peu de grands carnivores relativement aux herbivores. »

LES RONGEURS

L'HYSTRIX PRIMIGENIUS ou PORC-ÉPIC PRIMITIF

L'*hystrix primigenius* va nous montrer une
fois de plus quelle confiance mérite la détermination d'un fossile faite d'après une dent.

En 1848, Wagner reçoit de Grèce une inci-
sive inférieure, d'après laquelle il établit un
genre : le *lamprodon*, intermédiaire au porc-
épic et au castor. Plus tard, on lui envoie des
mêmes lieux deux molaires de rongeur ; d'accord avec Roth, il les regarde comme provenant d'une espèce perdue de castor, le *castor
atticus*.

Voilà la paléontologie enrichie d'un genre
nouveau et d'une espèce nouvelle.

Mais, en 1855, M. Gaudry trouve à Pikermi
une mâchoire qui lui montre à la fois des incisives et des molaires identiques à celles que

Wagner a décrites ; et depuis ce moment il n'y a plus ni *lamprodon,* ni *castor atticus,* mais un nouveau porc-épic, l'*hystrix primigenius,* très-voisin de celui qui vit dans le midi de l'Europe.

Wagner a reconnu l'exactitude de cette détermination.

« Je me garderai bien, dit M. Gaudry, d'adresser un reproche à ce savant naturaliste, parce qu'il a pris un porc-épic pour un genre inconnu, et pour un castor. Avec les pièces isolées qu'il avait à sa disposition, chacun eût pu commettre une semblable erreur. »

Mais les naturalistes sont désormais avertis des chances d'erreur qu'ils courent en essayant de reconstruire un animal d'après des pièces isolées.

Quant à la détermination de M. Gaudry, elle repose sur des portions de crâne, une mâchoire supérieure, des mâchoires inférieures et les os des membres de devant.

LES ÉDENTÉS

On nomme édentés les mammifères qui manquent de dents sur le devant de la bouche.

C'est leur caractère principal.

Tous ont des ongles très-gros embrassant l'extrémité des doigts, et qui se rapprochent un peu des sabots.

Ils forment, dans la classe des mammifères, ce qu'on appelle un ordre, et cet ordre est habituellement divisé en deux familles :

Celle des *tardigrades*, animaux qui ont la face très-courte : tels sont l'*aï* ou *paresseux à trois doigts*, et l'*unau* ou *paresseux à deux doigts*.

Celle des *édentés ordinaires*, animaux qui ont un museau long et pointu : tels sont, entre autres, les *tatous*, les *fourmiliers*, les *oryctéropes* et les *pangolins*.

Cet ordre a d'assez nombreux genres fossiles. Plusieurs avaient une taille égale à celle de l'éléphant, et leurs ossements disséminés

en immense quantité dans l'Amérique du Sud
ont été pris ,pendant longtemps pour des os
de géants.

Outre leurs dimensions extraordinaires, ces
animaux, ainsi qu'on va le voir, se recom-
mandent à notre attention par l'ambiguïté de
leurs caractères.

I. — LE MACROTHERIUM

Deux édentés seulement ont été trouvés en
Europe, et le macrotherium est l'un des deux.

Ainsi nommé par M. Lartet (de μάχρος, grand,
θηρίον, animal), ce genre a été formé d'après
quelques ossements et des débris de dents
molaires recueillis dans le dépôt de Sansan.

Le *macrotherium* tenait à la fois des deux
familles que nous avons distinguées parmi les
édentés.

Il avait les phalanges onguéales des pangolins ;

Et des dents semblables à celles des paresseux.

Ses membres antérieurs, beaucoup plus
longs que les postérieurs, font penser que,

comme l'aï et comme l'unau, le *macrotherium*
était un animal grimpant.

II. — L'ANCYLOTHERIUM

L'*ancylotherium* est le second édenté rencontré en Europe. Il provient des fouilles de
Pikermi.

Il a quelques rapports avec le *macrothe-*
rium, mais il n'y a pas entre ses deux paires
de membres la disproportion de longueur qui
existe chez le *macrotherium*; il était aussi plus
puissant que celui-ci, et sa grandeur dépasse
beaucoup celle de tous les édentés actuels.

Le nom d'*ancylotherium* (de ἀγκύλος, crochu,
θηρίον, animal), qui lui a été donné par M. Gaudry, rappelle le singulier caractère que cet
animal présente : celui d'avoir les doigts constamment crochus.

« Il semble, écrit l'auteur qu'on vient de
nommer, que parmi les édentés actuels, les
paresseux aient quelques liens avec les singes,
et que les oryctéropes en aient avec les cochons. L'édenté fossile que j'appelle *ancylo-*
therium a également des rapports avec des
animaux de familles bien différentes.

« Son humérus, son radius, son tibia, ont des analogies avec les os des rhinocéros ;

« Ses métatarsiens, et les pièces du tarse qui sont en connexion avec eux, rappellent le type mastodonte ;

« Tandis que plusieurs autres parties de ses membres marquent des affinités avec les pangolins et le *macrotherium*.

« Il était plus grand que les rhinocéros. Ses formes étaient plus sveltes que dans les fossiles d'Amérique; mais plus lourdes que dans le *macrotherium*. Ses doigts constamment crochus, au moins aux pattes de devant, devaient lui donner une allure étrange. Ils auraient rendu sa marche difficile, si une disposition semblable à celle que M. Lartet a signalée dans le *macrotherium* ne lui eût permis de les rétracter sur les métacarpiens et les métatarsiens. On sait que les carnassiers du genre chat présentent une conformation analogue ; seulement ce n'est pas le doigt entier qui est rétracté, mais uniquement la phalange unguéale.

« L'*ancylotherium* se servait sans doute de ses pattes de devant avec peu de dextérité, et il devait être incapable de grimper; au lieu

que le *macrotherium*, tout en étant peut-être
un marcheur, comme l'a pensé un éminent
paléontologiste, paraît avoir eu la possibilité
de grimper[1].

« Une raison importante, — ajoute l'auteur, — pour attribuer à l'édenté de Grèce
une autre allure qu'à celle de l'édenté de
France, c'est que dans le premier (*l'ancylotherium*) les membres postérieurs sont presque égaux aux membres de devant, tandis
qu'ils sont extrêmement petits dans le *macrotherium;* ce dernier devait paraître affaissé
sur son train de derrière. Une telle différence
d'attitude correspond nécessairement à un
autre genre de vie; j'ai peine à me représenter un animal si disproportionné que le *macrotherium* vivant sur une surface plane, au
lieu que je m'imagine notre gigantesque édenté
se promenant d'aplomb sur ses quatre pattes

[1] M. Gaudry dit très-bien à ce sujet : « Les caractères
fournis par les os fossiles prouvent qu'un animal avait telle
ou telle faculté, mais non pas qu'il mettait en jeu cette
faculté. Si, par exemple, nous trouvions à l'état fossile les
squelettes d'un tamandua et d'un tamanoir, leur examen
nous apprendrait que l'un et l'autre ont la possibilité de
grimper; mais il ne nous ferait pas deviner que le tamanoir
vit habituellement à terre, tandis que le tamandua monte
sans cesse sur les arbres. »

dans les plaines aussi bien que dans les montagnes de l'Attique. »

III. — LE GLYPTODON

Le glyptodon se rapproche du tatou ; c'est, en quelque sorte, un tatou gigantesque.

Son nom, qui lui a été donné par M. Owen, rappelle la forme de ses dents, dont chacune est divisée en trois parties par deux profondes cannelures longitudinales. Il avait huit dents de ce genre de chaque côté et à chaque mâchoire. Sa nourriture se composait de racines et de débris de végétaux.

Comme le tatou, le glyptodon était protégé par une carapace solide osseuse; mais elle n'était pas disposée par bandes comme celle de l'animal qui vient d'être nommé. Les plaques qui la composent ont, vues en dessous, la forme hexagonale, et sont unies entre elles par des sutures dentées; en dessus, elles forment des espèces de doubles rosettes. La queue et le crâne étaient couverts d'écailles aussi bien que le tronc.

Les pieds sont très-courts, ont cinq doigts, dont quatre garnis d'ongles aplatis. Le pied

de derrière est massif avec des phalanges onguéales courtes et déprimées.

La première mention qu'on ait faite de la
carapace du glyptodon se trouve dans la *Description des terres magellaniques* de Falkner,
qui parut en 1770. Cet auteur rapporte qu'on
a découvert dans les pampas une coquille
semblable à la carapace des tatous, mais bien
plus grande, et composée d'os de forme hexagonale dont chacun avait un pouce de diamètre. Cette carapace, selon lui, aurait eu neuf
pieds de long. « Il est probable, dit M. d'Archiac, qu'il y a quelque exagération de la part
du jésuite voyageur, et plus encore sur ce que
dit Manoel Ayres de Cazal, qui aurait trouvé
près de Rio das Contas (Brésil) la cuirasse
d'un animal de plus de trente pas de long ! »
Comme on le verra un peu plus loin, l'évalua-
tion de Falkner n'était nullement exagérée.

Soixante années se passèrent sans qu'on
sût à quoi s'en tenir sur cette découverte. En
1833, une carapace semblable à celle dont
avait parlé Falkner, mais moins grande, fut
trouvée dans le gouvernement de Montevideo ;
elle devint l'objet de discussions très-animées.
Comme cette cuirasse se trouvait dans le

même dépôt que les os du *megatherium*,
autre édenté connu depuis longtemps déjà à
cette époque, et dont il sera question dans le
chapitre suivant, on crut qu'elle avait appartenu à cet animal. Les doutes ne cessèrent
que lorsque le bouclier du *glyptodon* eut été
trouvé en connexion avec les os qu'il avait
recouverts du vivant de l'animal.

Deux espèces de glyptodon ont été l'objet
de travaux remarquables :

L'un est le *Glyptodon clavipes ;*

L'autre, le *Glyptodon ornatus.*

Un squelette presque entier de la première
espèce a été monté au muséum d'histoire naturelle de Paris, par les soins de M. Serres,
qui en a fait l'objet d'une lecture académique
que nous allons mettre à contribution.

La longueur totale de l'animal est de trois
mètres trente centimètres; sa hauteur, du sol
au sommet des crêtes iliaques qui portaient
la carapace, est de un mètre vingt centimètres.

Cet individu est sans nul doute le plus complet qu'on ait encore vu en Europe. La tête,
qui n'avait été décrite jusqu'ici que sur des
fragments appartenant à des individus diffé-

rents, est entière. Elle est remarquable par
son diamètre vertical comparé à l'horizontal.
Ces deux diamètres sont presque égaux, et
mesurent tous deux trente-sept à quarante
centimètres. Cette élévation de la tête est due
surtout au développement des os maxillaires.

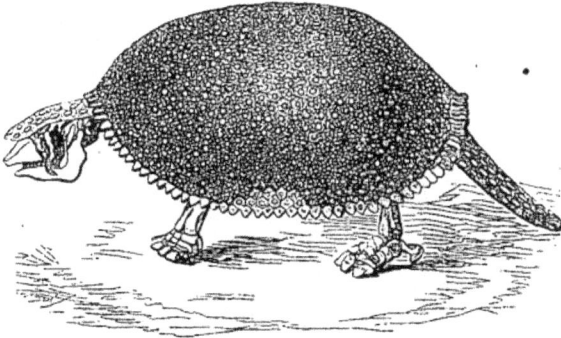

Glyptodon *clavipes*.

Les dents n'ont en apparence que des dimensions médiocres. Elles sont usées à leur
surface, et dépassent à peine les gencives.
Mais chacune d'elles s'enfonce dans son alvéole
à une profondeur d'un décimètre au moins.

La persistance vraisemblable de l'activité
des bulbes dentaires, le volume des branches
de la mâchoire inférieure, l'arcade zygomatique armée d'un puissant éperon qui triple sa

surface pour l'insertion du muscle *masseter*, tout nous montre dans le *glyptodon clavipes* un dévastateur du monde végétal. On dit avec raison que, toute proportion gardée, il était encore moins doté que l'éléphant sous le rapport de la mastication.

La région la plus intéressante et en même temps la plus insolite du squelette de ce glyptodon, est le cou et le haut du thorax.

Le cou est ainsi composé : la première vertèbre (atlas) libre; les 2e, 3e, 4e, 5e et 6e unies et composant ce que M. Serres nomme l'os *pentavertébral;* la septième unie à la première dorsale, qui est unie elle-même à la seconde, et toutes les trois composent ce que Huxley nomme l'os *trivertébral.*

La composition de chacun de ces deux os rappelle ce qu'on voit dans le sacrum humain, qui est, comme on sait, formé de cinq vertèbres soudées ensemble.

Une curieuse articulation en charnière, qui existe à la face postérieure de l'os trivertébral, permet à celui-ci de rouler sur la troisième dorsale « comme une trappe sur ses gonds ».

L'articulation de l'os pentavertébral avec

l'os trivertébral présente une disposition entièrement analogue à la précédente.

Quand on fait coïncider en position moyenne
ces deux articulations du cou du *glyptodon cla-*
vipes, l'axe de la colonne vertébrale, au lieu
de figurer comme chez les autres vertébrés
une ligne courbe plus ou moins accidentée,
est deux fois coudé à l'angle, de sorte que
l'axe du cou, horizontal comme celui de la
colonne dorsale, est cependant dans un plan
inférieur.

C'est l'os trivertébral qui relie ces deux
plans; il descend de la troisième dorsale à la
sixième cervicale, suivant une ligne presque
verticale à peine inclinée en avant.

L'animal pouvait-il heurter de son mufle
comme le bélier le fait avec son front? C'est
une question encore indécise.

Le *glyptodon ornatus* était de beaucoup
moins grand que l'espèce précédente. On n'en
a que des fragments moins nombreux et moins
complets que ceux qui ont permis de reconsti-
tuer le *glyptodon clavipes,* et tandis que le
muséum de Paris possède un squelette monté
de celui-ci, il n'a du *glyptodon ornatus* qu'une
carapace qui, à la vérité, n'a pas eu besoin

d'être reconstituée pièce à pièce. Quelques réparations ont suffi. Elle est aujourd'hui ce qu'elle était sur l'individu vivant ; de plus, elle a conservé ses rapports normaux avec les os du bassin.

La composition squelettique du cou paraît n'être plus ici la même que dans le *glyptodon clavipes*. Au lieu de l'os trivertébral et de l'os tétravertébral, le *glyptodon ornatus* avait eu deux os de quatre vertèbres chacun.

IV. — LE MEGATHERIUM

Megatherium, c'est-à-dire *grand animal* (de μέγας, grand, θηρίον, animal). Et le nom est bien justifié ; car l'édenté qui le porte est le plus grand des animaux de son ordre. Son squelette a près de trois mètres de haut et plus de quatre mètres de long. On ne le trouve qu'en Amérique ; il abonde dans les terrains d'alluvion du Paraguay : de là le nom d'*animal du Paraguay,* qui lui fut donné lorsqu'on en fit la rencontre vers la fin du siècle dernier.

« Ses analogies le rapprochent, dit Cuvier, de divers genres de la famille des édentés. Il a la tête et l'épaule d'un paresseux, et ses

jambes et ses pieds offrent un singulier mélange de caractères propres aux fourmiliers et
aux tatous. »

La tête, en effet, petite relativement au

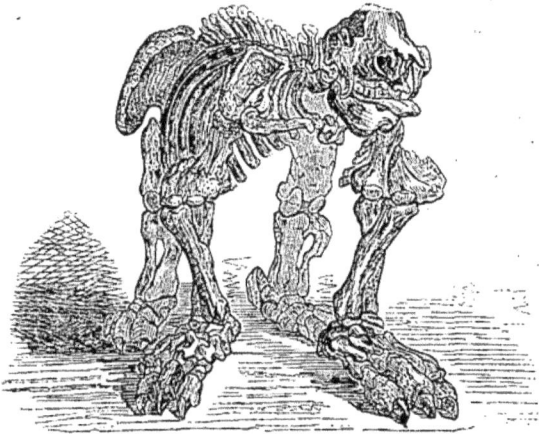

Squelette du *megatherium*.

corps, ressemblait beaucoup à celle d'un pa-.
resseux.

Son fémur ressemblait à celui du pangolin.

Le tibia et le péroné étaient soudés à leurs
deux bouts comme chez les tatous.

Les extrémités postérieures n'avaient que
trois doigts, comme chez le paresseux ; mais
les doigts qui se développent chez ces derniers.

4*

ne sont pas les analogues de ceux qui existaient chez le *megatherium*.

Une échancrure que l'on observe de chaque
côté de l'ouverture du nez avait fait penser à
Cuvier que le *megatherium* pouvait avoir eu
une trompe; il est bien plus probable qu'il
avait un groin comme le tapir.

Cet animal fut la plus énorme et la plus
puissante machine à fouir le sol, à broyer et à
digérer les racines, qui ait jamais existé, à la
connaissance du moins des naturalistes.

Son régime végétal est attesté par la conformation de ses dents. Ses molaires étaient de
chaque côté, au nombre de quatre en bas, au
nombre de cinq en haut, toutes de forme pris-
matique, très-profondément enchâssées dans
le maxillaire, et divisées en collines trian-
gulaires.

La mâchoire inférieure, très-pesante, très-
prolongée, renflée en dessous, évidée en
dessus, contenait, selon toute apparence, une
langue cylindrique longue et forte. Une longue
apophyse descendante, placée à la base inférieure de l'arcade zygomatique, fournissait
une large insertion aux muscles moteurs de
cette mâchoire.

Voilà pour la bouche; c'était un appareil de trituration, d'une énergie sans égale.

Les pattes antérieures, chargées de l'approvisionner, devaient avoir un mètre de long et trente-trois centimètres de large! Trois doigts étaient armés d'ongles énormes (la peau recouvrait les deux autres doigts, restés rudimentaires). Le développement extraordinaire de ces griffes, comme aussi la grande étendue de l'extrémité inférieure de l'humérus, qui donnait nécessairement attache à des muscles très-volumineux, montrent avec quelle force cet animal devait fouiller la terre.

De l'ampleur du ventre dans lequel s'engloutissaient les matières végétales, mises à nu par les pattes, saisies par la langue, triturées par les molaires, on peut juger par l'étendue des os des iles; les hanches avaient un mètre soixante-sept centimètres de large, ce qui dépasse de beaucoup le diamètre de la même partie chez les plus grands éléphants.

Ajoutons maintenant que ce bassin colossal était porté par des fémurs qui avaient en largeur plus de la moitié de leur longueur (on ne trouve nulle part ailleurs un exemple de pareilles proportions); que le train de derrière,

déjà si solidement établi sur les membres postérieurs, pouvait encore à l'occasion prendre
appui sur une queue fournie de vertèbres nombreuses, et qui, garnie de muscles destinés à
la mouvoir, devait avoir soixante centimètres
de diamètre; et qu'enfin la brièveté du méta-
carpe donne lieu de penser que la main ap-
puyait sur la terre dans toute sa longueur.
Cela posé, nous pourrons nous faire quelque
idée de l'incomparable énergie avec laquelle
le *megatherium,* aussi inébranlable sur ses
membres qu'un épais monolithe sur sa base,
devait de l'une ou l'autre de ses mains gigantesques, sinon de toutes les deux à la fois, ouvrir,
creuser et bouleverser la terre. Le volume du
bassin s'explique probablement par l'habitude
où était le *megatherium* de se tenir sur trois
de ses pieds, tandis que le quatrième fouillait
le sol.

Ce n'était pas un animal propre à la course;
mais, comme le dit Cuvier, il n'avait besoin
ni de fuir ni de poursuivre. Sa taille le mettait
à l'abri de bien des attaques, et ses griffes
formidables, sa queue, longue et pesante,
manœuvrée comme une massue, étaient des
moyens de défense suffisants contre les plus

sérieux adversaires. On a cru pendant longtemps, ainsi que nous l'avons dit, dans le chapitre précédent, que le corps des *megatherium*
était, comme celui des tatous, protégé par
une cuirasse osseuse. Buckland, entre autres,

Megatherium restauré.

partageait cette opinion, et comme quelques-
unes des côtes de l'animal sont rugueuses à
leur partie supérieure, il pensait que c'était en
ces points que portait le bouclier; il mettait
également en rapport avec celui-ci une crête
comprimée qui borde les os des iles. C'était
une erreur; et, comme on l'a vu, la carapace

attribuée au *megatherium* était celle du glyptodon.

La première notion qu'on ait eue de cet
animal extraordinaire date de 1789, époque
où l'on en trouva un squelette presque complet à trois lieues de Buenos-Ayres, sur les
bords de la rivière de Lujan, en un endroit
situé à dix mètres au-dessus de l'Océan. Le
marquis de Loretto, vice-roi de Buenos-
Ayres, envoya ce squelette en Espagne. Peu
après on en découvrit deux autres, l'un à
Lima, l'autre au Paraguay; le premier fut
également envoyé à la métropole (en 1795).
« Cette circonstance assez rare, écrit M. d'Archiac, d'avoir trouvé d'abord presque tous les
os réunis, puis de les avoir fait monter avec
soin immédiatement, fit bientôt connaître ce
mammifère avec tous ses détails ostéologiques. »

Il fut décrit en 1796 par un auteur ma-
drilène, J. Garriga. Dès l'année précédente,
Cuvier, sur des dessins imparfaits qui lui
avaient été envoyés, avait classé l'*animal
du Paraguay* parmi les édentés, dans le voisinage des paresseux.

De longues années après, Pauder et Dalton,

ayant, dans un voyage en Espagne, étudié à
Madrid même le squelette du *megatherium*,
purent en donner une description plus complète. Elle parut à Bonn en 1821. Ils adoptèrent, quant au classement, la manière de voir
de Cuvier, et donnèrent au fossile le nom de
bradypus giganteus, c'est-à-dire *paresseux
géant*, indiqué par le naturaliste français.

M. de Blainville, au contraire, pensa que
le *megatherium* se rapprochait beaucoup plus
des tatous, de l'oryctérope, des fourmiliers et
des tamanoirs, que des paresseux; et c'est, en
effet, parmi les édentés ordinaires qu'on le
place aujourd'hui. Mais à quelque groupe
qu'on le rattache, on voit qu'il n'est tout à
fait à sa place nulle part.

Quant au nom de *megatherium*, il lui a été
donné par les auteurs espagnols.

V. — LE MÉGALONYX

« Il ressemblait beaucoup au *megatherium*,
dit Cuvier, mais il était un peu moindre. »

Sa taille, en effet, ne dépassait pas celle du
plus grand bœuf.

Moins grand que le *megatherium*, il était
aussi moins lourd.

Il avait un museau pointu, des dents cylin-
driques. Ses membres antérieurs étaient beaucoup plus longs que les postérieurs, ce qui est
un trait de ressemblance avec les paresseux.
Ses ongles étaient énormes, sa queue grosse
et solide.

Cet animal a reçu son nom, en 1797, d'un
des premiers présidents des États-Unis, de
Jefferson. L'illustre Washington lui ayant
donné avis qu'on venait de découvrir, dans la
caverne de Green-Briar, les ossements d'un
animal inconnu, Jefferson se les procura. Il
eut à sa disposition un fragment d'os long
(fémur ou humerus), un radius, un cubitus,
trois ongles et d'autres os des extrémités.

Ayant comparé ces os à leurs analogues dans
le lion, il pensa qu'ils provenaient d'un grand
carnassier qu'il nomma *mégalonyx*, à cause
de la dimension de ses ongles. D'après lui, ce
prétendu carnassier devait avoir eu cinq pieds
de haut, et Jefferson ne doutait pas que le
mastodonte n'eût eu en lui un ennemi redoutable.

C'est Cuvier qui a reconnu la véritable nature du *mégalonyx*, et c'est surtout en se
fondant sur la conformation des phalanges

onguéales qu'il l'a classé parmi les édentés ;
chez les édentés, en effet, l'articulation de la
phalange est disposée de manière que la flexion
puisse se faire en dessous, tandis que c'est
précisément le contraire qui a lieu chez les
carnassiers du genre chat. L'inégalité des
phalanges sépare en outre le *mégalonyx* des
carnassiers, mais elle l'éloigne aussi des paresseux pour le rapprocher des tatous et des
fourmiliers.

« Bien, — dit M. d'Archiac, — que l'on
doive être habitué, lorsqu'on étudie les travaux
d'ostéologie de Cuvier, aux véritables tours de
force qu'il accomplit avec sa méthode de corrélation des parties, la reconstruction de la
main du *mégalonyx* avec quelques phalanges
isolées est une merveille de sagacité. »

VI. — LE MYLODON

Chez tous les mammifères dont nous nous
sommes occupés jusqu'à présent, les doigts
peuvent se ployer plus ou moins autour des
objets pour les saisir ; ils peuvent aussi les
palper, l'ongle dont ils sont armés laissant
leur extrémité à découvert sur une étendue

plus ou moins considérable. Les membres de
ces animaux sont donc, en même temps que
des organes de sustentation et de locomotion,
des organes plus ou moins parfaits de préhension et de toucher.

Au contraire, dans les mammifères dont
nous aurons à parler quand nous serons sortis
du groupe des édentés, les doigts ne peuvent
se fléchir, et leur extrémité est entièrement
enveloppée dans un grand ongle ou sabot, qui
y émousse complétement le tact. Chez ces animaux les membres ne sont donc que des organes de sustentation et de locomotion.

Les premiers sont ce qu'on nomme des
mammifères *onguiculés*.

Les seconds sont ce qu'on nomme des mammifères *ongulés*.

Or, suivant la remarque de M. Owen, le
mylodon forme un lien entre les onguiculés et
les ongulés;

Il a, en effet, à chacune de ses pattes :

1º Des griffes comme les premiers ;

2º Et des sabots comme les seconds.

Trouvé dans les mêmes gisements que le
mégalonix et le *megatherium*, et beaucoup
moins grand que celui-ci, le mylodon en dif-

fère surtout par ses dents. En même nombre
que celles du *megatherium* (quatre molaires
de chaque côté à la mâchoire inférieure, cinq
de chaque côté à la mâchoire supérieure), les

Mylodon *robustus*.

dents du mylodon n'étaient pas similaires
comme celles du grand édenté. Leur surface
plane et usée indique du reste qu'il se nourrissait de végétaux, et on suppose même qu'il
avait une préférence pour les feuilles et les
bourgeons; aussi le représente-t-on ordinairement dressé contre un arbre qu'il est en
train d'effeuiller.

LES RUMINANTS

On les divise en *ruminants ordinaires* et en *caméliens*.

Parmi les ruminants ordinaires, les uns n'ont pas de cornes; ce sont les chevrotains.

D'autres ont des cornes caduques; ce sont les cerfs.

D'autres ont des cornes creuses; tels sont les antilopes, les chèvres, les moutons et les bœufs.

Un dernier groupe enfin est formé par la girafe, qui a des cornes velues et persistantes.

1. — LE CERF A BOIS GIGANTESQUE (CERVUS MEGACEROS)

C'est le plus célèbre des ruminants fossiles.

Ses bois n'avaient pas moins de trois mètres d'envergure; les perches en étaient palmées et dirigées horizontalement vers leur extrémité. Les dimensions de la tête n'étaient point en

rapport avec celles de ce gigantesque orne-
ment; la plus grande qu'on connaisse est
moins grande que celle de l'élan.

Ce ruminant est plus commun en Irlande que

Cerf à bois gigantesque.

partout ailleurs. Un squelette entier, découvert
dans une marnière de l'île de Man, marnière
remplie de coquillages d'eau douce, à cinq ou
six mètres de profondeur, a montré que le cerf
à bois gigantesque avait plutôt les proportions
du cerf que celles de l'élan. Ce précieux sque-

lette appartient à l'université d'Édimbourg.
Jamais on ne rencontre de têtes sans bois ; ce
qui a conduit Cuvier à penser que, dans ce
genre comme dans celui du renne, les deux
sexes portaient le même magnifique orne-
ment.

On a prétendu que le cerf à bois gigantesque
existait encore dans l'Amérique septentrionale.
Il n'en est rien.

II. — LE SIVATHERIUM

C'est encore un cerf.

« Ce genre, dit d'Orbigny, forme un passage
assez naturel entre les grands pachydermes et
les ruminants ; en effet, tout en présentant les
cornes qui caractérisent la plupart des animaux de ce dernier ordre, la tête était probablement munie d'une trompe, comme celle
des proboscidiens, si l'on juge, du moins, par
la forme des os du nez, ceux-ci se relevant
et se prolongeant en une voûte pointue, au-
dessus des narines externes. »

La portion supéro-postérieure de la tête du
sivatherium a également de l'analogie avec la
même partie chez l'éléphant.

La tête entière avait à peu près le même volume que chez ce dernier.

La taille du *sivatherium* égalait celle de
l'éléphant.

Sivatherium restauré.

Il diffère encore du cerf ordinaire par ses
bois.

Ceux-ci étaient au nombre de quatre.

« Deux naissaient du sourcil entre les orbites et s'écartaient l'un de l'autre, et deux
autres probables, plus courtes et plus mas-
sives, ont dû être posées sur des protubérances.

très-saillantes que présente le crâne dans sa partie supéro-postérieure. »

La face était courte; « ce qui, dit d'Orbigny, joint à la forme des os du nez et à la direction même très-inclinée de la face et du front, contribuait à donner à cette tête une des formes assurément les plus singulières qu'il soit possible de rencontrer. »

Ses molaires supérieures, les seules qu'on connaisse, ont tous les caractères de celles des ruminants.

Le *sivatherium* devait avoir les formes générales de l'élan, sauf qu'il était plus gros et plus massif.

Il appartient aux terrains tertiaires moyens de l'Himalaya.

Ce genre a été créé par MM. Cautley et Falconer.

III. — LE PALÆOREAS

Palæoreas, c'est-à-dire ancien oreas (de παλαιός, ancien). *Oreas* est le nom latin de l'antilope canna (*oreas canna*), laquelle habite le Cap.

Pour faire bien comprendre l'intérêt qu'offre

ce fossile, rappelons d'abord que·les antilopes se divisent en plusieurs sous-genres.

Un de ces sous-genres contient entre autres les gazelles ;

Un autre, le bubale, le gnou et le canna.

Squelette du *palæoreas*.

Or le·*palæoreas* tient de ces deux·sous-genres.

Il se rapproche des canna par la disposition de ses cornes.

Il se rapproche des gazelles par la plupart de ses autres caractères.

« En vain, dit à ce sujet M. Gaudry, créateur

5

du genre qui nous occupe, nous essayons des classifications ; les fossiles jettent chaque jour des défis à nos tentatives. »

Un peu plus grand que les gazelles, ayant des formes élancées, le front orné de cornes gracieusement contournées, le *palæoreas* fut sans doute un des plus charmants animaux de la Grèce antique. Il devait y vivre par troupes nombreuses, puisque les fouilles de M. Gaudry lui ont procuré trente-six crânes ayant appartenu à cet animal, sans compter un grand nombre de mâchoires et d'os diffé-rents.

IV. — LE TRAGOCÉROS

Nous venons de voir le *palæoreas* établir un lien entre deux sous-genres d'antilopes ; le *tragocéros* fait plus :

Il établit un passage entre deux genres, entre le genre antilope et le genre chèvre.

Semblable aux chèvres par la forme exté-rieure de ses cornes, il ressemble aux anti-lopes par ses autres caractères, et entre autres par ses dents.

Rien ne saurait mieux donner une idée de

l'ambiguïté de ses caractères que le fait suivant :

En 1854, Roth et Wagner décrivaient, dans
un même mémoire, d'une part des cornes de
ruminants, d'autre part une mâchoire inférieure ayant également appartenu à un ruminant.

Des cornes ils disaient : « Leur structure
montre que le caractère de l'animal auquel
elles ont appartenu est certainement semblable à celui de la chèvre; et nous n'avons
aucune hésitation, quoique la forme des molaires nous soit inconnue, à le ranger dans la
famille des chèvres. »

Et ils en faisaient la *capra amalthea*.

Quant à la mâchoire inférieure, ils en faisaient une antilope, l'*antilope Lindermayeri*.

Or ces cornes de chèvre et cette mâchoire
d'antilope étaient, comme M. Gaudry l'a montré, les cornes d'un seul et même ruminant,
du tragocéros *amaltheus*.

Bien plus, les deux anatomistes allemands
ont attribué à une antilope nommée par eux
antilope speciosa une mâchoire supérieure
qui, d'après le paléontologiste français, serait
la mâchoire supérieure du tragocéros.

« J'ai proposé, écrit-il, le nom de tragocéros *amaltheus* (τράγος, bouc, κέρας, corne) pour
cet animal, qui, avec des cornes en apparence
semblables à celles des chèvres, a non-seulement les dents des antilopes, mais encore tous
leurs autres caractères. Il était très-commun
en Grèce ; j'en ai recueilli vingt crânes et une
multitude de débris divers qui se répartissent
entre cinquante individus.

Le tragocéros avait, du reste, plus de rapports avec les antilopes qu'avec les chèvres.

Ce curieux fossile ne se recommande pas
à l'attention seulement par ses caractères
mixtes, mais encore par les importantes variations qu'offrent les nombreux représentants de son espèce que renferme le sol de
Pikermi, variations qu'on jugerait spécifiques
si on avait toute la série des formes intermédiaires.

V. — LE PALÆOTRAGUS

Le *palæotragus,* ancien bouc (de παλαιός ancien, τράγος, bouc), est encore un animal découvert à Pikermi par M. Gaudry, et, comme

tant d'autres fossiles, cet animal présente une très-curieuse association de caractères.

Il a des cornes comme les antilopes; mais ces cornes sont séparées l'une de l'autre par un intervalle considérable, ce qui ne se rencontre dans aucune des grandes antilopes vivantes.

Ses molaires, normales quant au nombre, ressemblent à celles des cerfs et de la girafe.

Le crâne, très-long et de forme rectangulaire, est très-rétréci à la partie postérieure, et l'occipital, par son étroitesse, rappelle la conformation de l'âne.

Enfin le rétrécissement du condyle et du trou occipital fait supposer que l'atlas était étroit, que peut-être le cou était effilé comme celui de la girafe, et que la tête, comme chez cet animal, pouvait avoir un mouvement de rotation assez étendu sur le cou.

VI. — L'HELLADOTHERIUM

Remarquable par ses dimensions gigantesques, par la forme du crâne et des os des membres, l'*helladotherium* fut un des mammifères les plus caractéristiques de l'ancienne

Grèce; de là le nom (de Ελλάς, Grèce, θηρίον, animal) qui lui a été donné par M. Gaudry.

C'est encore une forme de transition. Il paraît devoir se classer entre les antilopes et la girafe.

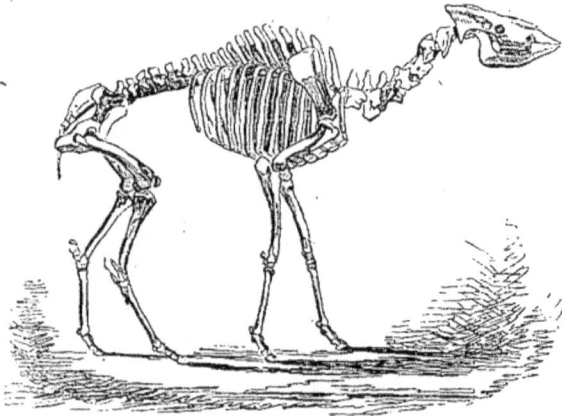

Squelette d'*helladotherium*.

C'est une question de savoir s'il avait des cornes. Sur le seul crâne qu'on possède il n'y en a point de vestiges. « Est-ce, dit M. Gaudry, parce que ce crâne appartient à une femelle, ou bien parce que l'*helladotherium* était dépourvu de cornes, même dans les individus mâles? Je n'ose décider. »

Outre le crâne dont il vient d'être question,

Pikermi a fourni nombre d'os des membres,
des vertèbres, etc. L'étude comparative de ces
restes montre que l'*helladotherium* se rapproche de la girafe, par l'allongement de la
région pariétale du crâne, l'évidement de l'occipital, la disposition de la caisse et de la fosse
mésoptérygoïde, la longueur du radius; mais
qu'il s'en distingue par l'absence des cornes,
la largeur de la face, la grandeur des dents
et leur simplicité, le cou plus court, la forme
bien plus massive de toutes les parties du
corps, la séparation des cunéiformes, et la
moindre inégalité entre la hauteur du train
de devant et du train de derrière.

Les molaires de l'*helladotherium*, les proportions de son cou, la séparation de ses deux
cunéiformes rappellent les antilopes.

Mais il s'en éloigne par ses membres de
devant, plus allongés comparativement aux
membres de derrière, par son cubitus mieux
soudé au radius, par sa tête dépourvue de
cornes, surmontée d'un bombement pariétal,
évidée dans la partie occipitale.

L'auteur constate que le moulage d'un crâne
qui fait partie de la collection des fossiles de
l'Inde donnés au muséum de Paris, a une res-

semblance générale frappante avec celui de
l'*helladotherium*, dont il a d'ailleurs la taille.
A la vérité, ses prémolaires sont un peu plus
grandes comparativement aux arrière-molaires ; sa fosse palatine s'avance moins, ses
condyles occipitaux ne sont pas aussi forts, la
face postérieure n'a pas de chaque côté de la
crête occipitale un renfoncement profond.
« Mais si l'on tient compte des variations
qu'un animal a pu subir en passant de l'Europe dans l'Inde, on sera sans doute disposé
à rapporter le crâne dont je parle à l'espèce
de Grèce. M. Falconer, qui a examiné nos
fossiles, penche vers cette opinion.

« Je cherche vainement dans la nature vivante, écrit-il, quel animal nous en donne-
rait l'idée. Sa tête, lourde comme celle du
bœuf, mais plus allongée, ne portait pas de
cornes. Ses énormes dents ressemblaient, sauf
la dimension, à celles de plusieurs antilopes.
Son cou pouvait avoir à peu près les mêmes
proportions que chez le mégacéros. Ses membres étaient plus forts que ceux des bœufs et
des chameaux, moins élevés que ceux de la girafe, quoique plus robustes. Le train de devant était haut de plus de deux mètres ; il sur-

passait un peu celui de derrière. Quoique cette
inégalité fût moins sensible que dans la girafe,
il devait en résulter un port différent de celui
des cerfs et des antilopes, où les membres de
derrière sont, au contraire, plus longs que ceux
de devant.

« Peut-être, comme la girafe et le cheval,
l'*helladotherium* frappait-il de ses pieds ceux
qui osaient l'attaquer[1]; mais il est probable
qu'il luttait surtout en donnant des coups de
tête, ainsi que la plupart des ruminants; ces
coups étaient terribles, à en juger par la puissance que la disposition de l'occipital et du ba-
silaire paraît dénoter dans les muscles exten-
seurs et fléchisseurs du crâne.

« Quelle était sa nourriture? Parmi les diverses formes qu'affectent les molaires des ruminants, il y a deux types principaux : on
observe d'une part des molaires uniformes, régulières et très-grandes, comparativement à la
dimension de la tête ; elles n'ont point de colonnettes interlobaires, ou, si elles en ont, ces co-

---

[1] Frédéric Cuvier, dans son *Histoire naturelle des mammifères,* vol. II, 1828, prétend que la girafe frappe ses
ennemis avec ses pieds de devant. Geoffroy Saint-Hilaire
dit qu'elle lance des ruades.

5*

lonnettes adhèrent à leur fût ; il semble qu'en
les façonnant l'auteur de la nature eût uniquement pour but de constituer de larges surfaces
triturantes : comme exemples des animaux qui
ont cette dentition, je citerai les bœufs et plusieurs antilopes ; ils vivent principalement
d'herbages. Chez d'autres ruminants, les dents
sont moins uniformes ; leur muraille a des
côtes très-saillantes, et, sur le bord opposé à
la muraille, elles portent des colonnettes interlobaires, distinctes du fût, qui peuvent servir
à diviser et couper les branchages, les bourgeons ; la surface triturante est moins étendue ;
parmi les animaux munis de ces dents, j'indiquerai les girafes et les cerfs, qui se nourris-
sent surtout aux dépens des arbres.

« Par ses molaires, l'*helladotherium* diffère
de ces derniers et se rapproche des premiers ;
c'est pourquoi j'incline à croire que les herbages formaient son alimentation habituelle.
D'ailleurs, si la girafe, dont les membres et
le cou ont une hauteur extrême, cueille les
feuilles des grands arbres, l'*helladotherium*,
qui a le cou et les membres moins allongés,
devait choisir sa nourriture plus près du sol.

« Les débris qui proviennent de mes fouilles

indiquent la présence à Pikermi de onze individus ; ceci permet de supposer que l'*hellado-*
therium vivait en troupes. »

———

M. Gaudry décrit les os des membres d'un
ruminant plus grand qu'aucune antilope vivante, et que ces proportions placent entre
l'antilope et la girafe.

On sait que, chez la girafe, les membres de
derrière sont plus courts que ceux de devant;
ils sont, au contraire, plus longs que ceux-ci
chez les cerfs et la plupart des antilopes; les
membres antérieurs et les postérieurs avaient
à peu près la même longueur dans l'animal
qui nous occupe.

On ne peut dire, du reste, avec certitude à
quel genre celui-ci se rapportait.

VII. — LA GIRAFE

La Grèce antique avait sa girafe.

Notons que les terrains tertiaires de l'Europe
qui renferment, comme on le verra, des restes
si nombreux de proboscidiens et de grands pa-

chydermes, n'avaient fourni avant les fouilles
faites à Pikermi presque aucun débris de ruminants gigantesques.

« Pendant l'été de 1860, raconte M. Gaudry,
alors que les eaux du torrent de Pikermi étaient
assez basses pour permettre de creuser dans
son lit, j'aperçus de grands ossements couchés
perpendiculairement à la tranchée que nous
avions ouverte. Quand ils furent mis à jour, je
pus contempler deux membres presque entiers
de girafe, l'un antérieur, l'autre postérieur,
dont les pièces étaient restées en connexion. Il
fallut beaucoup de temps et de peine pour
extraire, sans les endommager, des fossiles si
longs et si minces; mais leur découverte me
causa un vif plaisir; il me paraissait étrange
de rencontrer dans une contrée montueuse,
rétrécie comme l'Attique, un animal voisin
d'une espèce qui habite aujourd'hui les vastes
plaines de l'Afrique.

La girafe de l'Attique était plus grande que
celle du Sénégal, et surtout que celle de la
Nubie. Sa taille était à peu près égale à celle
de la girafe du Cap.

En échange, les os sont moins épais que dans
les girafes vivantes; les extrémités articulaires

sont plus étroites, ce qui ne peut être le résultat d'une différence d'âge, car les pièces de
Grèce appartiennent à des sujets adultes.

Un des caractères des girafes est d'avoir le
train de derrière moins haut que celui de devant; dans l'espèce fossile la disproportion était
un peu plus sensible que dans les girafes actuelles.

On ne connaît ni la tête ni le tronc.

« La forme grêle des membres permet, dit
M. Gaudry, de supposer qu'il avait un cou au
moins aussi allongé que dans les girafes actuelles, et probablement une tête d'une assez
faible dimension. Mais cette tête était-elle semblable à celles des girafes? Je ne veux pas l'affirmer; car l'auteur de la nature a mis tant de
variété dans la composition des êtres fossiles,
qu'un ruminant pourrait avoir eu les membres
et même le cou d'une girafe tout en ayant une
tête d'une autre forme. »

LES PACHYDERMES

Les pachydermes sont pour la plupart remarquables par l'épaisseur et la dureté de leur
peau, et c'est de là qu'ils tirent leur nom (de
παχύς, épais, δέρμα, peau). Ils mâchent leurs aliments, et ne ruminent pas ; en quoi ils diffèrent
des autres mammifères ongulés.

Les uns n'ont qu'un seul doigt apparent
(sabot) à chaque pied ; ce sont les *solipèdes*.

D'autres ont deux, trois ou quatre ongles à
chaque pied ; ce sont les *pachydermes ordinaires*.

Les derniers ont une trompe et cinq doigts
à tous les pieds ; ce sont les *proboscidiens*.

LES SOLIPÈDES

L'HIPPARION

Quoique voisin du cheval, l'*hipparion* établit une transition entre deux des groupes que nous venons d'indiquer, c'est-à-dire entre les solipèdes et les pachydermes ordinaires.

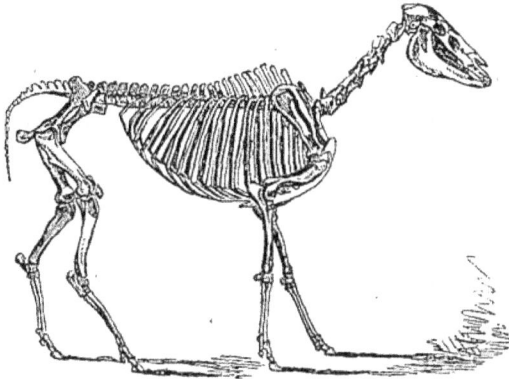

Squelette d'hipparion.

Il a, en effet, un sabot comme les solipèdes ; Mais de plus il a, de chaque côté de ce sabot, de petits doigts, ce qui le rapproche des pachydermes ordinaires.

Parmi ces derniers c'est surtout de l'*anchi-therium*, pachyderme fossile, qu'il se rapproche.

Du reste la conformation de l'hipparion, tout en le distinguant du genre cheval, ne l'isole pas de celui-ci; il y a des transitions entre les deux.

Il y en a de même, — et ceci n'est pas moins important, — entre les espèces qu'on pourrait établir dans le genre hipparion lui-même.

L'hipparion a vécu en grandes troupes dans les campagnes de l'Europe tertiaire. M. Kaup, M. de Christol, ont dit que ce fossile se rencontre par milliers d'exemplaires à Eppelsheim et dans le Vaucluse. La quantité qu'on en trouve à Pikermi est prodigieuse. M. A. Gaudry en a rapporté dix-neuf cents pièces, réparties entre quatre-vingts individus. Or le savant naturaliste les attribue tous à une seule espèce, avec laquelle il identifie également les hipparions de Vaucluse, de l'Espagne, de l'Allemagne, de l'Inde, bien que ceux de Vaucluse aient des os plus minces que ceux de Grèce, et que ceux de l'Allemagne et de l'Inde soient plus grands.

On voit que ce fossile mérite de nous arrê-

ter, et on nous saura gré de résumer l'important travail de M. Gaudry.

Le crâne de l'hipparion est plus petit comparativement à la hauteur du corps que dans
les équidés vivants. Il présente, du reste, la
plupart des caractères de ceux-ci. M. Wagner
a signalé un caractère fort intéressant : c'est
une cavité qui semble analogue au larmier du
cerf et de plusieurs antilopes; au lieu d'être
placée, comme chez les ruminants, auprès de
l'orbite, elle en est séparée par le lacrymal;
elle est creusée dans le maxillaire et un peu
dans le nasal; un canal qui passe sous le lacrymal la fait communiquer avec l'orbite; on
ne trouve rien de pareil dans les équidés
vivants.

Les dents ont la même forme que chez les
chevaux actuels.

Les canines existent dans toutes les mâchoires trouvées à Pikermi; d'où l'on peut
conclure que les femelles en avaient habituellement ainsi que les mâles, tandis que chez
la jument ces dents manquent très-fréquem-
ment.

Les molaires se distinguent surtout par des
dessins d'émail plus compliqués, et en ce que

leur colonnette interlobaire à la mâchoire supérieure est isolée dans le cément, de sorte
que, vue sur la face triturante, elle donne par
la détrition une île, au lieu d'une presqu'île;
il résulte de là que les mâchoires supérieures
rappellent un peu celles des ruminants à
grandes colonnettes intralobaires, tels que les
bœufs; et ceci explique comment Roth et Wagner ont pu décrire sous le nom de bœuf de
Marathon (*bos marathonius*) des molaires
d'hipparion.

Le développement des dents suivait la même
marche que dans les chevaux. Les pinces
étaient remplacées les premières; les canines
paraissaient presque en même temps que les
mitoyennes de seconde dentition; les coins
venaient ensuite. Les deux premières arrière-
molaires poussaient en général avant la chute
des molaires de lait; vers l'époque où sortaient les secondes arrière-molaires, les deux
premières molaires de lait étaient chassées par
les prémolaires; quelque temps après, les
troisièmes molaires de lait étaient remplacées,
et les dernières arrière-molaires prenaient
rang sur la mâchoire. Les molaires inférieures
de lait portent des colonnettes d'émail qui em-

pêchent de les confondre avec celles des équidés
vivants.

Les vertèbres ressemblent à celles des chevaux.

Le seul caractère essentiel des membres de
l'hipparion consiste en ce que les pièces des
pieds sont moins réduites que dans les autres
équidés. Les métacarpiens latéraux, quoique
grêles, sont complets; et portent chacun un
petit doigt composé de trois phalanges, tandis
que, dans les équidés vivants, les deuxième
et troisième métacarpiens s'atrophient à leur
partie inférieure. Un os rudimentaire, placé
au bord externe, représente le cinquième métacarpien; en général, il n'y a pas de vestige
de cette pièce dans les chevaux. Au bord interne, on voit un très-petit os qui est le
premier métacarpien d'après M. Hensel, le
trapèze d'après M. Gaudry, mais qui, dans
tous les cas, établit une différence avec les
chevaux, puisque ceux-ci n'ont ni l'un ni
l'autre. Le pied de derrière de l'hipparion est
aussi moins réduit; le deuxième et le quatrième métatarsien sont complets, et portent
chacun un doigt composé de trois phalanges.

Cette conformation établit, comme il a été

dit ci-dessus, une transition entre les solipèdes et les pachydermes ordinaires. M. Hensel a rendu ce passage encore plus sensible en citant cinq cas où des équidés vivants ont présenté par anomalie de petits doigts latéraux analogues à ceux de l'hipparion. « Tous ces os, dont l'existence est normale dans l'hipparion, peuvent se trouver tératologiquement dans le cheval ; ces passagères réapparitions sont comme un retour à un type disparu depuis l'époque tertiaire. »

Passons maintenant aux variations que présentent les hipparions de Pikermi.

Ils se séparent en deux variétés : dans l'une les métacarpiens et les métatarsiens sont longs et minces ; dans l'autre les métacarpiens et les métatarsiens sont plus courts et à la fois plus gros. Si les autres os avaient les mêmes proportions, la première variété aurait les membres singulièrement grêles, et la seconde aurait des membres singulièrement gros ; mais il n'en est pas ainsi ; l'allongement des humérus, des radius, des fémurs, des tibias, est en proportion de leur grosseur, de sorte qu'ils font compensation avec les métacarpiens et les métatarsiens. Ainsi la variété à membres grèles et la variété à membres épais se trouvent avoir une taille à peu près égale; celle-ci dépasse très-peu le zèbre, et celle-là est presque aussi grande.

Ces différences ont porté M. Hensel à séparer les hipparions en deux espèces, et il a donné le nom d'*hipparion brachypes* aux individus à forme lourde. « Il s'est basé sur cette remarque, que les variations d'âge ou de sexe n'ont pu être la cause des inégalités dans le développement des os, attendu que, les métacarpiens et les métatarsiens les plus gros étant, en même temps les plus courts, il faudrait supposer qu'ils étaient, soit moins longs, soit plus minces chez les individus mâles ou vieux ; ce qui est en opposition avec les faits connus dans les autres animaux. » L'observation de M. Hensel est fort juste; mais, de ce que la différence de proportion dans les hipparions de Pikermi n'est due ni au sexe ni à l'âge, il ne résulte pas qu'elle ait une valeur spécifique. Si, en effet, on considère les formes extrèmes, on trouve deux groupes bien distincts; mais, si l'on met tous les os homologues en série, on voit de tels intermédiaires, qu'on ne sait où placer une démarcation.

M. Gaudry en donne la preuve dans des tableaux offrant : 1° les mesures de la rangée entière des molaires relevées sur vingt mâchoires différentes ; 2° les mesures des os des membres. Ces tableaux montrent une lente dégradation dans les grandeurs de tous les os qu'ils comprennent. Ils montrent aussi que la longueur de ces os augmente avec leur grosseur.

« Si grandes donc, conclut-il, que soient les variations des hipparions de Pikermi, les intermédiaires entre leurs extrêmes m'engagent à les rapporter à une souche commune. On a fait remarquer qu'il fallait mettre de la réserve dans la réunion des équidés fossiles, attendu, si l'on trouvait enfouies dans les couches de la terre plusieurs des espèces d'équidés vivants, on ne pourrait les séparer. Ceci est très-vrai : le dawo, le couagga, le zèbre, et même des équidés qui s'éloignent davantage par leurs caractères extérieurs, se ressemblent au point de vue ostéologique. Par conséquent, les naturalistes, qui regardent chacun de ces animaux comme représentant une espèce particulière, devraient peut-être appeler espèce nos deux variétés d'hipparions,

si on connaissait leur robe, leur voix, leurs
mœurs. Mais nous ne pouvons raisonner que
d'après les éléments dont nous disposons:
quand un paléontologiste réunit des fossiles
sous un même nom, il ne prétend pas d'une
manière absolue qu'ils appartiennent à une
seule espèce : il veut dire uniquement que,
d'après les données ostéologiques, il n'a pas
de motifs pour les séparer. »

Outre les différences qu'on vient de signaler,
il en est qui portent sur la forme des molaires.
Il est curieux de voir combien les caractères
de la dentition, qui fournissent les meilleures
bases des distinctions spécifiques ou généri-
ques, sont cependant changeants.

La petite molaire inférieure de lait qui existe
dans le cheval, en avant des autres molaires,
manque sur toutes les mâchoires inférieures
de Pikermi; aux mâchoires supérieures, on la
rencontre généralement, mais sa taille varie
du simple au triple.

Bien que, pour la seconde dentition, les
variations soient moins nombreuses que pour
la dentition de lait, cependant elles sont aussi
très-frappantes : sur une même mâchoire, on
voit telle ou telle molaire dont l'émail a un pli

au coin antéro-interne ou s'élève en forme de
colonnette, tandis que les autres molaires n'offrent rien de particulier.

On s'est préoccupé du degré de plissement
de l'émail, parce que c'est un des caractères
par lesquels les molaires des hipparions se distinguent. Il varie non-seulement dans les
espèces du genre cheval, comme l'ont montré
MM. Owen et Rütimeyer, mais aussi dans les
individus d'une même espèce d'hipparion. Si
on met toutes les mâchoires des hipparions de
Grèce à côté les unes des autres, on voit un
passage insensible des dents à émail très-
plissé aux dents à émail peu plissé, et, sur une
même mâchoire, il y a quelquefois de grandes
inégalités dans le plissement de l'émail des
molaires.

« Des conséquences importantes me, semblent découler, écrit M. Gaudry, des observations qui précèdent. Si, en effet, je ne me suis
pas trompé en attribuant à une seule espèce
tous les hipparions de Pikermi, je suis entraîné à rapporter aussi à une même espèce
les hipparions du Vaucluse, de l'Espagne, de
l'Allemagne et de l'Inde, puisque certains de
leurs individus, d'après ce que nous en con-

naissons, ressemblent parfaitement à ceux de Pikermi. Cependant j'ai fait remarquer :

« Que généralement les hipparions du Vaucluse avaient des os plus minces que ceux de Grèce ;

« 2° Que souvent les hipparions d'Allemagne étaient plus grands que ceux de Grèce, et avaient l'émail de leurs molaires plus plissé ;

« 3° Que les hipparions de l'Inde pouvaient atteindre un maximum de hauteur auquel ceux de Grèce ne parvenaient pas.

« Ainsi, il faudrait supposer que des animaux fossiles, issus d'une même origine, présentent, selon qu'on les trouve en France, en Espagne, en Allemagne ou dans l'Inde, des différences assez notables pour que des paléontologistes d'un grand mérite leur attribuent une valeur spécifique.

« On découvre des transitions non-seulement entre les espèces du genre hipparion, mais aussi entre ce genre et le cheval. D'autre part, les observations tératologiques de M. Gurlt, signalées par M. Henzel, et celles de M. Goubaux, prouvent que, pour la forme des membres, la distance entre ces deux genres peut être facilement franchie ; d'autre

6

part, d'après M. Rütimeyer, certains chevaux
fossiles sont intermédiaires, pour la dentition,
entre les hipparions et les chevaux actuels,
ayant l'émail de leurs molaires plus plissé que
dans ces derniers, et leur pilastre interlobaire
plus petit, mieux arrondi, moins serré contre
le fût de la dent.

« Enfin, on sait que, par leurs doigts latéraux, les hipparions rattachent l'ancien ordre
des solipèdes à l'*anchitherium,* genre de l'ordre
des pachydermes. Il faut pourtant convenir
que, s'ils se rapprochent de l'*anchitherium*
par la forme de leurs pieds, ils s'en éloignent
par leur dentition, voisine, malgré les appa-
rences, de celle des ruminants, et surtout de
certains pachydermes à doigts pairs. Mais, à
voir la rapidité avec laquelle tant d'autres la-
cunes ont été comblées par les découvertes
paléontologiques, on doit penser que celle-là
aussi sera comblée bientôt.

LES PACHYDERMES ORDINAIRES

I. — LE SANGLIER D'ÉRYMANTHE

« Un sanglier gigantesque a vécu en Grèce pendant l'époque tertiaire. Roth et Wagner, qui ont fait connaître ses mâchoires et un de ses métatarsiens, lui ont donné le nom de *sus erymanthius*. Il ne faudrait point conclure de là que l'espèce de Pikermi fût semblable au sanglier d'Érymanthe de la mythologie grecque. L'effigie de ce dernier a été conservée sur les bas-reliefs du temple de Jupiter à Olympie, et Étienne Geoffroy Saint-Hilaire en a reproduit la figure dans le grand ouvrage de l'*Expédition de Morée*. En consultant ses dessins et ses descriptions, je remarque que le crâne de l'espèce mythologique est plus triangulaire que celui de notre sanglier fossile, moins allongé et muni de canines plus fortes. »

L'auteur a recueilli six crânes de *sus erymanthius*, et un grand nombre d'autres morceaux ; ces échantillons attestent l'existence de douze individus, deux jeunes et dix adultes.

Les incisives ressemblent à celles des autres sangliers. Toutes les canines supérieures ou inférieures que l'on a jusqu'à présent observées-sont petites. Faut-il en conclure que les mâles, ainsi que les femelles, n'avaient point de grandes défenses? Est-il préférable de penser que les femelles vivaient en troupes, et que, dans les fouilles faites jusqu'à présent à Pikermi, on a rencontré seulement des débris de femelles? La première supposition paraît la moins probable, si l'on considère à quel point l'espèce de Grèce est voisine des sangliers vivants. Toutefois il est singulier qu'on n'ait pas encore découvert de défenses, et M. Rütimeyer a fait la remarque que, dans les sangliers des gisements tertiaires, les canines paraissent avoir été moins développées que dans les espèces actuelles.

Le crâne est un tiers plus grand que celui du *sus scropha* (notre cochon domestique); il est moins rétréci dans la région pariétale; la face supérieure fait avec la face postérieure un angle plus aigu.

Les os des troncs et des membres offrent les mêmes détails de configuration que ceux des espèces actuelles, mais leurs proportions sont

différentes. Ils sont plus gros, comparativement à leur longueur, et annoncent des animaux moins grands qu'on n'aurait pu s'y
attendre, d'après la dimension des crânes. Le
sanglier d'Érymanthe devait être une bête
encore plus massive que nos sangliers vivants.

« Les opinions contradictoires émises au
sujet des espèces de sangliers fossiles par les
meilleurs naturalistes, prouvent une fois de
plus, dit M. Gaudry, que des pièces isolées,
même des mâchoires, ne permettent pas de
déterminer l'espèce d'un mammifère fossile.
Un grand nombre de sangliers se sont succédé
depuis l'époque miocène jusqu'à nos jours;
mais, comme la plupart ne sont représentés
que par des morceaux incomplets, rien n'est
plus obscur que leur histoire. On peut dire
cependant qu'à en juger d'après les quelques
éléments déjà recueillis, ces animaux con-
firment nos remarques sur les autres mammifères décrits dans cet ouvrage. En effet,
M. Rütimeyer a montré comment leur dentition semble intermédiaire entre celle du *pa-
læochœrus*, genre du terrain miocène inférieur, et celle des cochons actuels : le *sus* de
l'Orléanais en serait un exemple. Il a fait voir

aussi que leur dentition tient le milieu entre
celle du *sus scropha* et celle du sanglier à
masque; le *sus provincialis* du terrain pliocène de Montpellier en fournit la preuve. Le
sanglier d'Érymanthe pourrait aussi être cité
comme type intermédiaire; car, si je considère
non-seulement ses dents, mais l'ensemble de
ses caractères, je ne saurais dire si c'est au *sus
scropha* ou aux sangliers à masque qu'il ressemble davantage. »

II. — L'ANOPLOTHERIUM ET LE XIPHODON

L'*anoplotherium* (de ἄνοπλον, sans défense,
et θηρίον, animal), que Cuvier considérait comme
ayant à la fois des affinités avec les rhinocéros,
les chevaux, les hippopotames, les cochons et
les chameaux, est extrêmement abondant dans
les carrières à plâtre des environs de Paris. On
en a même extrait des squelettes presque entiers. On a été assez heureux pour trouver le
moule en plâtre du cerveau de cet animal,
cerveau dépourvu de circonvolutions.

C'est par la restauration de ce genre et de
celui des palæothériums, dont il sera question
plus loin, que Cuvier a établi ce fait, soup-

çonné avant lui mais non démontré, qu'il a
existé des races d'animaux qui n'ont plus de
représentants dans la nature vivante.

Quand il donna l'*anoplotherium* à la science,

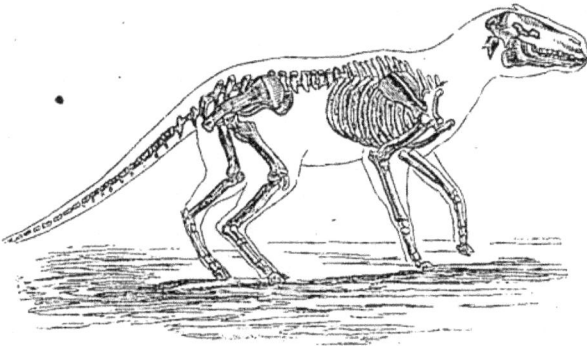

Squelette d'*anoplothèrium*.

il n'en avait que quelques débris. La possession des parties qu'il avait devinées ne tarda
pas à confirmer toutes ses indications.

« Chaque fois, écrit M. Duvernoy, que Cuvier venait de lire un nouveau mémoire à
l'Institut, sur une récente détermination de
ces curieux ossements d'un autre monde, il
trouvait des collègues incrédules, qui, ne
connaissant pas les lois de l'organisation, la
coexistence nécessaire de certaines formes, ne
comprenaient pas qu'il fût possible de rétablir

un animal avec des fragments d'os épars dans
les couches d'un même terrain. Peu de jours
après une séance dans laquelle on lui avait
plus particulièrement adressé cette objection,
il eut la satisfaction de recevoir un squelette
entier de ce même animal qu'il avait refait
avec des débris, et de pouvoir démontrer, dans
la nature, l'être que la science avait si bien
restauré. »

L'animal dont il est ici question n'est autre
que l'*anoplotherium*. Cuvier écrivait à cette
occasion (novembre 1806) à l'auteur qu'on
vient de nommer :

« On vient de m'apporter un squelette presque entier d'*anoplotherium*, tiré de Montmartre; il est long de près de cinq pieds. Toutes
mes conjectures se trouvent vérifiées, et j'ap-
prends de plus que l'animal avait la queue
aussi longue et aussi grosse que le kanguroo;
ce qui complète ses singularités. »

« Les anoplothériums, dit l'illustre auteur
des *Ossements fossiles*, ont deux caractères
qui ne s'observent dans aucun autre animal :
des pieds à deux doigts, dont les métacarpes
et les métatarses demeurent distincts et ne se
soudent pas en canons comme ceux des rumi-

nants, et les dents en série continue et que
n'interrompt aucune lacune. L'homme seul
a des dents ainsi contiguës les unes aux autres
sans intervalle vide ; celles des anoplothériums
consistent en six incisives à chaque mâchoire,

Anoplotherium restauré.

une canine et sept molaires de chaque côté,
tant en haut qu'en bas ; leurs canines sont
courtes et semblables aux incisives externes.
Les trois premières molaires sont comprimées ;
les quatre autres sont à la mâchoire supérieure,
carrées, avec des crêtes transverses et un petit
cône entre elles ; et à la mâchoire inférieure,

6*

en double croissant, mais sans collet à la base.
La dernière a trois croissants. Leur tête est de
forme oblongue, et n'annonce pas que le museau se soit terminé ni en trompe ni en bou-
toir. »

Cuvier divisait les anoplothériums en trois
sous-genres; les *anoplothériums* proprement
dits, les *xiphodons* et les *dichobunes*.

Parmi les espèces appartenant au premier
groupe, celle qu'on trouve le plus fréquemment dans nos plâtrières a reçu le nom d'*anoplotherium* commun. « Sa hauteur au garrot
était assez considérable, écrivait l'illustre auteur; elle pouvait aller à plus de trois pieds et
quelques pouces; mais ce qui la distinguait le
plus, c'était son énorme queue; elle lui donnait quelque chose de la stature de la loutre, et
il est très-probable qu'il se portait souvent,
comme ce carnassier, sur et dans les eaux,
surtout dans les lieux marécageux. Mais ce
n'était sans doute point pour pêcher, notre
anoplotherium était herbivore; il allait donc
chercher les racines et les tiges succulentes des
plantes aquatiques. D'après ses habitudes de
nageur et de plongeur, il devait avoir le poil
lisse comme la loutre; peut-être même sa peau

était-elle demi-nue. Il n'est pas vraisemblable
non plus qu'il ait eu de longues oreilles, qui
l'auraient gêné dans son genre de vie aquatique ; et je penserais volontiers qu'il ressemblait, à cet égard, à l'hippopotame et aux

Xiphodon restauré.

autres quadrupèdes qui fréquentent beaucoup
les eaux. Sa longueur totale, la queue com-
prise, était au moins de huit pieds, et sans la
queue, de cinq pieds et quelques pouces. La
longueur de son corps était donc à peu près la
même que dans un âne de taille moyenne ;

mais sa hauteur n'était pas tout à fait aussi
considérable. »

Le *xiphodon gracile*, grand comme un chamois, était aussi svelte, aussi léger que la plus
jolie gazelle. « Sa course, dit Cuvier, n'était
point embarrassée par une longue queue; mais,
comme tous les herbivores agiles, il était probablement un animal craintif, et de grandes
oreilles, très-mobiles, comme celles du cerf.
l'avertissaient du moindre danger. Nul doute
que son corps ne fût couvert d'un poil ras; et
par conséquent, il ne manque que sa couleur
pour le peindre tel qu'il animait jadis cette
contrée, où il a fallu en déterrer, après tant de
siècles, de si faibles vestiges. »

III. — LE PALÆOTHERIUM ET LE LOPHODON

Le *palæotherium* (de παλαιόν, ancien, et
θηρίον, animal), genre entièrement éteint, est
encore une des grandes découvertes de Cuvier.
C'était un des animaux les plus répandus à
l'époque où se déposaient les plâtrières des
environs de Paris. Il ressemblait aux tapirs par
la forme générale, par celle de la tête, notamment par la brièveté des os du nez qui annonce

que les palæothériums avaient, comme les tapirs, une petite trompe; enfin, par les six incisives et les deux canines à chaque mâchoire ;
mais ils ressemblaient aux rhinocéros par leurs
dents mâchelières, dont les supérieures étaient
carrées, avec des crêtes saillantes diversement
configurées, et les inférieures en forme de doubles croissants, et par leurs pieds, tous les
quatre divisés en trois doigts, tandis que dans
les tapirs ceux de devant en ont quatre. Ils vivaient en troupes nombreuses sur les rivages
des fleuves et des lacs.

Les *lophiodons* se rapprochent encore un
peu plus des tapirs que ne le font les palæothériums, en ce que leurs mâchelières inférieures
ont des collines transverses comme celles des
tapirs.

Ils diffèrent cependant de ces derniers, parce
que celles de devant sont plus simples, que la
dernière de toutes a trois collines, et que les
supérieures sont rhomboïdales et relevées d'a-
rêtes fort semblables à celles du rhinocéros.

IV. — LE LEPTODON

Genre voisin du *palæotherium*, et établi par M. Gaudry, d'après deux mandibules trouvées à Pikermi. Le nom de leptodon (de λεπτός, mince, ὀδούς, dent), rappelle la forme grêle des molaires.

Les molaires du *leptodon* ont la même dimension que celles du *palæotherium medium* et un peu le même aspect. Mais l'allongement de la première prémolaire, sa division en deux croissants, et l'indice qu'elle a dû être suivie immédiatement par la canine, établissent des différences importantes.

Si le leptodon est, comme M. Gaudry le suppose, un rhinocéridé à dents en série continue, il servira à resserrer l'hiatus qui séparait les pachydermes avec barres des pachydermes sans barres.

V. — L'ANTHRACOTHERIUM

Le genre des anthracothériums est à peu près intermédiaire, dit Cuvier, entre les palæothériums, les anoplothériums et les co-

chons. Il ressemblait aux cochons par les
molaires de la mâchoire inférieure, aux anoplothériums par les molaires supérieures, aux
cochons par ses incisives inférieures couchées
en avant. Ajoutons que ses canines ressemblent
à celles du lapin. On en connaît plusieurs espèces; la plus grande approchait du rhinocéros
pour la taille.

VI. — LE PALOPLOTHERIUM

Cuvier a décrit sept espèces de palæothériums, et leur nombre s'est depuis accru; mais
l'une d'elles, celle que Cuvier nommait *palæotherium minus,* fait maintenant partie d'un
genre voisin, le genre *paloplotherium*.

Une espèce nouvelle de ce *paloplotherium*
vient d'être découverte dans le calcaire grossier du haut de la côte de Jumencourt, près
de Coucy (Aisne), et ses restes, consistant en
un crâne presque entier, plusieurs mâchoires,
une partie supérieure de cubitus, un tibia, un
astragale et des fragments de bassin et d'omoplate, ont été envoyés à l'éminent auteur des
Animaux fossiles de l'Attique.

Le *paloplotherium* n'avait pas encore été

rencontré aussi bas dans la série des terrains,
et outre que les pièces remises à M. Gaudry
lui ont permis d'établir une espèce nouvelle,
le *paloplotherium codiciense* (c'est-à-dire de
Coucy), quelques particularités offertes par ces
pièces l'ont amené à des remarques du plus
haut intérêt sur les variations que la dentition
des paloplothériums a éprouvées dans le cours
des âges, et sur les passages que ces variations établissent entre le genre susdit et celui
des palæothériums.

Ainsi, tandis que le nombre des prémolaires
supérieures est de trois dans deux espèces de
paloplothériums, il est de quatre dans une
autre espèce; tandis que la dernière prémolaire
supérieure a quatre racines dans une espèce,
elle n'en a que trois dans deux autres espèces.
Tandis que la dernière molaire inférieure n'a
que deux lobes dans une espèce, elle en a trois
dans trois autres espèces, etc. etc.

Or, et c'est sur quoi j'appelle l'attention du
lecteur, cette transformation des caractères de
la dentition, qui passent pour les plus importants, *paraît s'accorder avec les changements*
d'âge géologique.

Ainsi la nouvelle espèce de *paloplotherium*,

qui, comme nous l'avons dit, est la plus ancienne, ayant été trouvée dans le sous-étage
supérieur du calcaire grossier de Paris, est
celle de toutes qui, par sa dentition, diffère le
plus des palæothériums.

Après celle-là est venue une espèce (*P. an-
nectens*) qu'on rencontre dans le sous-étage
d'Hordwell, et qui s'éloigne moins du *palæotherium*.

Plus tard encore, à l'époque du gypse, se
montre une troisième espèce (*P. minus*), et
celle-ci est tellement voisine des palæothériums, que Cuvier n'a pas cru devoir l'en distinguer; et en même temps apparaissent les
palæothériums proprement dits.

Enfin, en continuant de remonter les étages
géologiques, nous verrions les palæothériums
eux-mêmes soumis à leur tour, comme le dit
M. Gaudry, à la commune loi qui entraîne rapidement les êtres supérieurs vers l'extinction
ou le changement; nous les verrions, après
avoir remplacé les paloplothériums à la fin de
l'époque éocène (terrains tertiaires inférieurs),
être remplacés, lors de l'époque miocène (terrains tertiaires moyens), par les acérothériums.

Outre les paloplothériums, cinq genres fos-

siles paraissent avoir des liens avec les palæothériums, et, suivant la remarque de M. Gaudry, « chaque étude comparative des êtres
fossiles révèle entre eux de nouveaux traits
d'union. »

VII. — L'ACEROTHERIUM

Cet *acerotherium* est un des types les plus
remarquables qu'ait révélés la paléontologie.
Elle comble en partie la distance qui sépare le
rhinocéros des autres pachydermes. M. Her-
mann de Mayer disait, en 1834, que par la conformation des os du nez, par les plis d'émail de
ses molaires inférieures, l'*acerotherium* ressemble plus au *palæotherium* qu'au *rhinoceros
Schleiermacheri;* M. Gaudry ajoute que, par
ses membres grêles et ses quatre doigts aux
pieds de devant, l'*acerotherium* se distingue
des rhinocéros et se rapproche de plusieurs
autres pachydermes. Du reste, on n'a trouvé
encore à Pikermi qu'une mâchoire inférieure
de cet animal.

VIII. — LE RHINOCÉROS PACHYGNATUS

Cette espèce est d'un grand intérêt, en ce
qu'elle établit la transition entre deux espèces
vivantes, le *rhinocéros bicorne* et le *rhinocéros
camus*, lesquelles sont africaines.

M. Gaudry n'en posséda d'abord que le
crâne, parfaitement semblable à celui du *rhinocéros bicorne;* moins expérimenté, l'éminent paléontologiste n'eût donc pas hésité à
identifier l'animal fossile avec cette espèce :
« Mais, écrit-il, me souvenant du singe de
Grèce, qui a des membres de macaque avec
une tête de semnopithèque, et de plusieurs
autres fossiles qui présentent de semblables
associations de caractères, je pensai que les
pièces des membres offriraient peut-être des
différences. » La découverte de ces pièces jus-
tifia pleinement la réserve et les prévisions de
M. Gaudry : par ses membres, le rhinocéros
de Pikermi s'éloigne, en effet, du *rhinocéros
bicorne*, pour se rapprocher de l'autre espèce
africaine, le *rhinocéros camus;* il a le crâne de
l'un, les membres de l'autre.

Aussi, comme les singes, comme les carnassier et les proboscidiens trouvés à Pikermi, le
rhinocéros *pachygnatus* (à mâchoires épaisses)
établit un lien entre des animaux qu'on regardait comme distincts.

« Où la paléontologie s'arrêtera-t-elle dans
la découverte de ces intermédiaires? » demande
M. Gaudry. Nul ne saurait le dire ; mais qu'un
paléontologiste consommé fasse une telle question, cela démontre assez quel changement
s'est fait dans les idées depuis la grande époque
de Cuvier.

L'auteur s'abstient de rien dire du régime
du rhinocéros *pachygnatus,* attendu que ses
dents ressemblent à celles du rhinocéros camus, qui, dit-on, vit d'herbes, et à celles du
rhinocéros bicorne, qui se nourrit de branchages et même de buissons coriaces.

Les rhinocéros étaient devenus si communs
dans les dernières périodes géologiques, que
M. Gaudry a rapporté plus de 700 pièces provenant de cet animal, et ayant appartenu à
vingt-deux individus. De sorte que dans la
comparaison qu'il a établie entre l'espèce
éteinte et les espèces actuelles, ce ne sont pas
les pièces fossiles, mais ce sont, au contraire,

les pièces provenant des espèces vivantes qui
lui ont fait défaut; le Muséum ne possède, en
effet, qu'un seul squelette de chacun des deux
rhinocéros africains.

IX. — LE RHINOCÉROS TICHORHINUS

Le nom de cette espèce vient de la disposition de ses narines, qui étaient séparées l'une
de l'autre par une cloison osseuse (de τοῖχος,
mur, cloison, et ῥίς, nez); il avait deux cornes
comme celui d'Afrique, — celui des Indes
n'en a qu'une, — était couvert de poils abondants, et sa peau n'était pas ridée comme celle
du rhinocéros d'Afrique.

On raconte à Klagenfurt, petite ville de Ca-
rinthie, qu'une des cavernes du voisinage était
habitée naguère par un dragon de taille gigantesque qui dévastait tout le pays. Un cheva-
lier osa attaquer le monstre, le tua et mourut
des suites des blessures reçues dans le combat; et la preuve, vous dirait-on à Klagenfurt,
la preuve que tout ceci n'est pas une fable, c'est
que la tête du dragon est sculptée sur une des
fontaines de la ville. Bien plus, cette tête a

été faite d'après un moule pris sur l'animal lui-
même, dont le crâne, — ceci achèvera de dis-
siper tous les doutes, — est conservé dans la
maison commune de Klagenfurt.

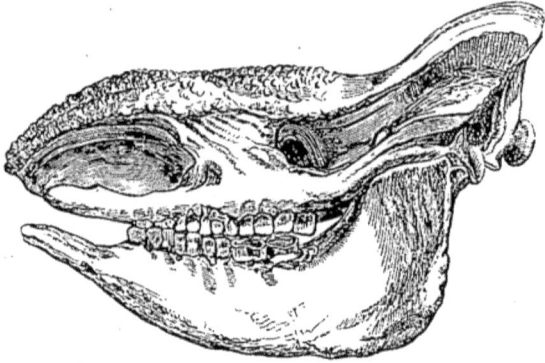

Tête osseuse du rhinocéros *tichorhinus*.

On rapportait un jour cette histoire à M. Un-
ger, anatomiste allemand ; il alla voir le crâne
précieusement conservé : c'est le crâne d'un
rhinocéros fossile, du rhinocéros à narines
cloisonnées.

L'une des découvertes les plus étonnantes
qu'on ait faites est celle d'un rhinocéros de
cette espèce qui fut trouvé en chair et en os
en Sibérie. Cette trouvaille n'est pas restée
isolée, et même on a trouvé d'autres animaux

que des rhinocéros dans les mêmes conditions.
Mais ce rhinocéros est le premier mammifère
d'espèce éteinte qui soit, à la connaissance des

Rhinocéros *tichorhinus*.

savants, parvenu jusqu'à nous d'une manière
si inattendue. Le fait mérite donc d'être men-
tionné d'une façon spéciale.

La découverte a été racontée par l'illustre
voyageur et naturaliste Pallas dans ses *Voyages*
et dans un mémoire *sur quelques animaux de
la Sibérie*, communiqué à l'académie de Saint-

Pétersbourg. Nous combinerons ce deux documents dans la relation qui va suivre.

Dans les premiers jours de décembre 1771, des Yakoutes chassaient aux environs du bourg de Viloui, près de l'endroit où la rivière du même nom se jette dans la Léna. La scène, comme on voit, se passe au nord de Yakoutsk par le 60° de latitude. Sous une roche escarpée, à moitié ensevelie dans le sable et dans l'eau, ils aperçurent le cadavre d'un animal énorme, inconnu dans le pays. Ils le mesurèrent; la bête avait trois aunes trois quarts de long; ils estimèrent sa hauteur à trois aunes et demie, à part les pieds et la tête. Tout le corps était dans un état de corruption très-avancé. La découverte fit du bruit, et sur l'ordre du général Adam de Bril, gouverneur de la province d'Irkoutsk et de la Sibérie orientale, la tête et les pieds lui furent envoyés. Un autre pied fut envoyé à la préfecture d'Irkoutsk; le reste acheva de se décomposer sur place. Dans une relation rédigée dans le mois même de la découverte par le préfet Jean Argounof, il est dit que « ni les habitants russes du pays, ni aucune autre personne interrogée à ce sujet, n'ont reconnu cet animal pour avoir existé sur

cette plage. Cette trouvaille paraissait extraordinaire et tout à fait prodigieuse aux rusti-
ques habitants du pays.

Au mois de mars de l'année suivante, Pellas
arrivait à Irkoutsh ; les reste de l'animal trouvé
près de Viloui furent la première chose qu'on
lui montra ; il reconnut sur-le-champ qu'ils
avaient appartenu au rhinocéros.

« La tête surtout, écrit-il, était fort reconnaissable, puisqu'elle était recouverte de son
cuir. La peau avait conservé toute son organisation extérieure, et on apercevait plusieurs
poils courts. Les paupières mêmes ne paraissaient pas entièrement tombées en corruption.
J'aperçus une matière dans la fossette du crâne,
et çà et là sous la peau, qui était le résidu des
parties charnues putréfiées. Je remarquai aux
pieds des restes très-sensibles des tendons et
des cartilages, où il ne manquait que la peau.
La tête était dégarnie de sa corne et les pieds
de leurs sabots. La place de la corne, le rebord
de la peau qui se forme autour d'elle, et la séparation qui existe dans les pieds de devant
et de derrière, sont les preuves certaines que
cet animal était un rhinocéros. »

Le gouverneur d'Irkoutsk lui fit cadeau de

7

ces pièces. Comme elles exhalaient une odeur
fétide, Pallas, avant de quitter Irkoutsk, les fit
dessécher sur un fourneau. L'opération ayant
été conduite avec trop peu de soin, un des pieds
fut brûlé ; l'autre, ainsi que la tête, « restés
intacts et nullement endommagés par la des-
siccation, » lui furent plus tard expédiés, et il
les a représentés dans son ouvrage.

« Le rhinocéros auquel ces membres ont appartenu n'était, dit-il dans une description que
j'abrége, ni des plus grands de son espèce, ni
fort avancé en âge. Toutefois il était évidemment adulte. La longueur entière de la tête,
depuis le haut de la nuque jusqu'à l'extrémité
de la mâchoire osseuse dénudée, était de deux
pieds trois pouces et demi. On voit encore
les vestiges évidents des deux cornes nasale et
frontale.

« La peau qui recouvrait la plus grande
partie de la tête offrait, à l'état sec, une substance tenace et fibreuse semblable au cuir que
le corroyeur prépare pour faire des sandales. Il
était d'un brun noirâtre à l'extérieur, blan-
châtre à l'intérieur ; mis au feu, il répandait
l'odeur du cuir commun. La gueule, à l'endroit où devaient se trouver les lèvres, molles

et charnues, était corrompue et lacérée ; elle
présentait à nu les extrémités de l'os maxillaire. Sur le côté gauche, qui avait été probablement exposé plus longtemps aux injures de
l'air, la peau était çà et là comme pourrie et
toute rongée à la surface. Cependant la plus
grande partie de la gueule, surtout du côté
droit, qui a été dessiné, était si bien conservée
sur toute sa surface, que l'on y voit encore
dans toute l'étendue de ce côté et même sur
le devant, autour des orbites, les pores, ou,
pour mieux dire, les petits trous par où, sans
doute, sortaient les poils. Dans le côté droit de la
mâchoire, il reste encore en certains endroits
de nombreux poils groupés en fascicules, la
plupart usés jusqu'à la racine, et çà et là pourtant longs encore de deux à trois lignes. Ils
sont dirigés en haut et en bas, roides et tous
de couleur cendrée, excepté un ou deux tout
noirs à chaque fascicule, encore un peu plus
roides que les autres.

« Ce qu'il y a de plus étonnant, c'est que la
peau qui recouvrait les orbites et formait les
paupières, quoique déformées et à peine pé-
nétrables au doigt, la peau qui entoure les
orbites, quoique desséchée, formait des rides

circulaires. La cavité des yeux est remplie de
matières soit argileuses, soit animales, telles
que celles qui occupent encore une partie de
la cavité du crâne. Sous la peau subsistent les
fibres et les tendons, et surtout des restes des
muscles temporaux ; enfin dans la gorge pen-
dent de gros faisceaux de fibres musculaires.

« Le pied qui me reste, et qui forme, si je ne
me trompe, la partie postérieure de la jambe
gauche, a conservé non-seulement tout à fait
intacte sa peau encore munie de ses poils, ou de
leurs racines, ainsi que les tendons et les ligaments du talon dans toute leur force, mais encore cette même peau tout entière jusqu'au
pliant du genou. La place des muscles était remplie, au lieu de peau, d'un limon noir. L'extrémité du pied est fendue en trois angles, dont
les parties osseuses existent avec les périostes,
tenant encore çà et là. Les sabots, cornés,
s'étant détachés, ne m'ont pas été envoyés. Des
poils adhèrent en beaucoup d'endroits de la
peau ; ils sont longs d'une ligne à trois, assez
roides et d'une couleur cendrée. Ce qu'il en
reste prouve que le pied tout entier était couvert de faisceaux de poils réunis et pendants. »

Il n'y a aujourd'hui de rhinocéros que dans

l'Inde, à Sumatra et en Afrique. Comment celui-ci avait-il pu se rencontrer dans une latitude si froide? Pallas ne pouvait manquer de se poser la question, et voici comment il y répond : « Cet animal, écrit-il, n'a pu être transporté des pays méridionaux dans les contrées glaciales du Nord qu'à l'époque du déluge. Les chroniques les plus anciennes ne parlent d'aucuns changements plus récents dans le globe auxquels on puisse attribuer la cause de ces débris de rhinocéros, et des os d'éléphants dispersés dans toute la Sibérie. » Il entrevoit cependant une autre explication. « On n'a jamais, que je sache, observé dans aucun des rhinocéros qui ont été amenés de notre temps en Europe, une aussi grande quantité de poils que paraissent en avoir présenté la tête et le pied que nous avons décrits. Je laisse donc à décider si notre rhinocéros de la Léna est né ou non dans un climat tempéré de l'Asie moyenne. En effet, les rhinocéros, en m'appuyant sur les relations de voyages, se trouvent, je puis l'affirmer, dans les forêts de l'Inde du Nord, et il est vraisemblable que ces animaux diffèrent, par une peau plus velue, de ceux qui vivent dans les zones brûlantes de l'Afrique, de même que les autres animaux d'un climat plus chaud sont ordinairement moins velus que ceux du même genre des contrées tempérées. »

Quant à la longue conservation de l'animal dont il s'agit, elle n'est pas difficile à expliquer : « Le corps du rhinocéros à dû être enterré dans un gros sable granuleux ; la nature du sol, qui est toujours gelé, a dû l'y conserver. La terre ne dégèle jamais à une grande profondeur près de Viloui. Les rayons du soleil amollissent le sol à deux aunes de profondeur dans les places sablonneuses élevées. Les vallons, où le sol est moitié sable et moitié argile, sont encore gelés à la fin de l'été, à une demi-aune de leur surface. Sans cela, la peau de cet animal et plusieurs de ses parties n'auraient pu se conserver aussi longtemps. »

Comme je l'ai déjà dit, cette extraordinaire trouvaille n'est pas restée unique ; une tête de *rhinoceros tichorhinus* s'est trouvée assez bien conservée pour que les vaisseaux pussent en être injectés, et on a reconnu que l'animal auquel elle avait appartenu, animal mort depuis tant de siècles, avait péri par submersion.

LES PROBOSCIDIENS

I. — LE MASTODONTE

Le *mastodonte,* animal à trompe comme l'é-
léphant, et d'une taille à peu près égale à celle
de ce dernier, en diffère par la forme de ses

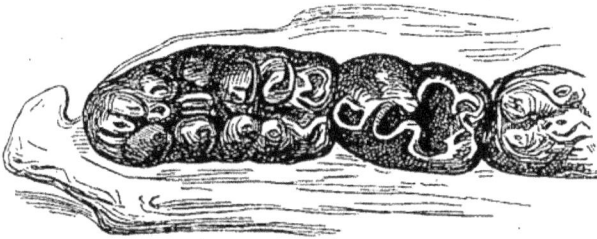

Dents de mastodonte.

dents molaires, qui sont hérissées de pointes
ou mamelons, et c'est ce qu'indique son nom
(μαστός, mamelon, ὀδούς, dent) qui lui a été donné
par Cuvier. La forme de ses dents a fait croire
pendant longtemps que le *grand mastodonte*
se nourrissait de chair, et Hunter lui donna
même le nom d'*éléphant carnivore.*

On en connaît plusieurs espèces répandues
dans les terrains tertiaires moyens et supérieurs et dans les terrains quaternaires..Cuvier

en a décrit deux, le *mastodonte à dents étroites*
et le *grand mastodonte*.

« Le mastodonte à dents étroites, semblable
à l'éléphant, armé comme lui d'énormes défenses, mais de défenses revêtues d'émail, plus
bas sur jambes, et dont les mâchelières, mame-
lonnées et revêtues d'un émail épais et brillant,
ont fourni pendant longtemps ce que l'on appelait turquoise occidentale » [1], était répandu
dans l'ancien et le nouveau continent. Il
abonde en Europe dans le val de l'Arno, en
Amérique dans les Cordillères. Près de Santa-
Fé de Bogota est un lieu décoré du nom de
Camp des Géants, à cause des ossements de
cet animal, qui y sont enfouis, et qu'on a pris
pour des restes humains. De même le grand
nombre de débris de mastodontes qu'on trouve
dans les Cordillères donna naissance aux tradi-
tions espagnoles sur des hommes d'une taille
colossale qui auraient anciennement habité le
Pérou.

Le grand mastodonte, « espèce plus grande
que la précédente, aussi haute à proportion que
l'éléphant, à défenses non moins énormes, et
que ses mâchelières hérissées en pointes ont

[1] Cuvier, *Discours sur les révolutions du globe.*

fait prendre longtemps pour un animal carnivore [1]. » Ses ossements sont répandus en nombre immense sur une foule de points de l'Amérique, et ces restes ne consistent pas toujours

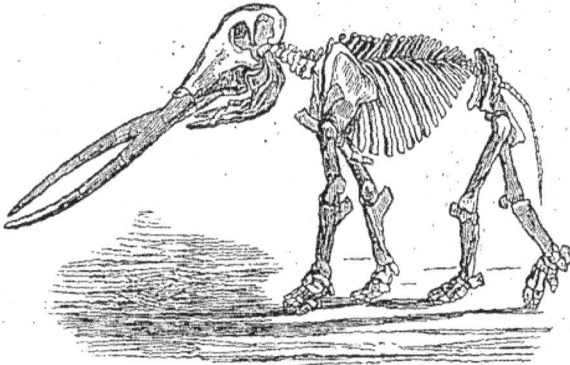

Squelette du mastodonte.

en quelques os épars; on trouve des squelettes
entiers; on a même trouvé plus que les os.

Les dimensions gigantesques de ces os et
leur abondance ont naturellement frappé l'i-
magination des Indiens. Les Chavanais pré-
tendent que des hommes dont la taille ne le
cédait point à celle des mastodontes, ont vécu
en même temps que ces colosses. Ceux du Ca-
nada et de la Louisiane nomment le mastodonte
père aux bœufs. Ces *pères aux bœufs* faisaient,

[1] Cuvier, *Discours sur les révolutions du globe.*

7*

d'affreux ravages parmi les bœufs et les daims destinés par le grand Esprit à l'usage des hommes. « Lorsque le grand Manitou, dit un chant indien, lorsque le grand Manitou descendit sur la terre, pour voir si les êtres qu'il avait créés étaient heureux, il interrogea tous les animaux. Le bison (aurochs) lui répondit qu'il serait content de son sort dans les grasses prairies dont l'herbe lui venait jusqu'au ventre, s'il n'avait sans cesse les yeux tournés vers la montagne pour apercevoir le *père des bœufs* en descendre avec furie pour dévorer lui et les siens. » Le grand Manitou résolut de les détruire, et les foudroya tous, à l'exception d'un mâle le plus grand et le plus vigoureux de tous, qui, présentant sa tête à la foudre, la faisait voler loin de lui. Il fut blessé ; c'est alors qu'il s'enfuit vers les grands lacs, où il est encore caché.

Les ossements se rencontrent souvent dans des endroits marécageux, à une très-faible profondeur (un mètre vingt-cinq cent. environ), parfaitement conservés, non roulés, ce qui prouve que les animaux ont péri à l'endroit où on trouve leurs restes. Quelquefois même les squelettes sont placés verticalement, comme

si les mastodontes étaient morts debout en
s'enfonçant dans la vase. Aujourd'hui encore
ces eaux saumâtres attirent les animaux, surtout les cerfs, qui viennent s'y désaltérer.

Mastodonte restauré.

Les gisements les plus célèbres sont dans
le bassin de l'Ohio ; de là les noms de *grand
animal de l'Ohio*, d'*éléphant de l'Ohio*, de
mammouth de l'Ohio, donnés dans le siècle
dernier au mastodonte.

Un de ces dépôts est dans le Kentucky, à
quatre milles au sud-est de l'Ohio, presque

vis-à-vis de la rivière Grande-Miame. C'est un marais situé entre deux collines ; on le nomme Big-Bone Strick, ou Great-Bone Lick. Les mastodontes sont enfoncés dans une vase noire à un mètre vingt-cinq centimètres de profondeur. On trouve avec eux les restes d'autres animaux. C'est dans cette localité que le président des États-Unis Jefferson recueillit les os (une défense, deux demi-mâchoires, un tibia, un radius, tarse et métatarse, phalanges, côtes, vertèbres), qui, envoyés par lui à Cuvier, servirent aux travaux de celui-ci et font partie de la collection du muséum.

Collinson, membre de la Société royale de Londres, entretenant Buffon [1] de la découverte d'ossements faite en 1765 sur la rivière d'Ohio, par un géographe anglais, M. Croghan, écrivait :

« Il y avait, à environ un mille et demi de la rivière d'Ohio, six squelettes monstrueux enterrés debout, portant des défenses de cinq à six pieds de long, qui étaient de la forme et de la substance des défenses d'éléphant ; elles avaient trente pouces de circonférence à la racine ; elles allaient en s'amincissant jusqu'à la

[1] Par une lettre en date du 3 juillet 1767.

pointe ; mais on ne peut pas bien connaître
comment elles étaient jointes à la mâchoire,
parce qu'elles étaient brisées en pièces : un
fémur de ces mêmes animaux fut trouvé bien
entier ; il pesait cent livres, et avait quatre
pieds et demi de long : ces défenses et ces os
de la cuisse font voir que l'animal était d'une
prodigieuse grandeur. Ces faits ont été confir-
més par M. Greenwood, qui, ayant été sur les
lieux, a vu les six squelettes dans le marais
salé ; il a de plus trouvé dans le même lieu de
grosses dents mâchelières, qui ne paraissent pas
appartenir à l'éléphant, mais plutôt à l'hippopotame ; et il a rapporté quelques-unes de ces
dents à Londres, deux entre autres qui pesaient
ensemble neuf livres un quart. Il dit que l'os de
la mâchoire avait près de trois pieds de longueur, et qu'il était trop lourd pour être porté
par deux hommes : il avait mesuré l'intervalle
entre l'orbite des deux yeux, qui était de dix-
huit pouces. Une Anglaise faite prisonnière
par les sauvages, et conduite à ce marais salé
pour leur apprendre à faire du sel en faisant
évaporer l'eau, a déclaré se souvenir, par une
circonstance singulière, d'avoir vu de ces ossements énormes ; elle racontait que trois Fran-

çais qui cassaient des noix étaient tous trois
assis sur un seul de ces grands os de la cuisse. »

Dans un autre gisement situé également
dans le bassin de l'Ohio, comté de Wythe
(Virginie), l'évêque Madison, cité par Cuvier,
découvrit en 1805, à un mètre quatre-vingts
centimètres de profondeur, sur un banc calcaire, un grand nombre d'os. « Ce qui rend
cette découverte unique parmi les autres, c'est
qu'on recueillit, au milieu des os, une masse
à demi broyée de petites branches, de grami-
nées, de feuilles, parmi lesquelles on crut reconnaître surtout une espèce de roseau encore
aujourd'hui commune en Virginie, et que le
tout parut enveloppé dans une sorte de sac
que l'on regarde comme l'estomac de l'animal; en sorte qu'on ne douta point que ce ne
fussent les matières mêmes dont cet individu
s'était nourri. »

Barton raconte même que la tête d'un de ces
animaux avait encore sa trompe, et Klein dit
que dans un squelette déterré au pays des Illi-
nois les parties charnues de la bouche étaient
assez bien conservées. La conservation des
parties molles s'expliquerait par la nature sa-
line des terrains, et prouverait d'ailleurs que

la destruction des grands mastodontes est relativement assez récente.

La première mention qu'on ait faite des mastodontes dans les temps modernes concerne le mastodonte à dents étroites. Sous Louis XIII on voulut faire passer ces os pour ceux du roi des Cimbres Teutobochus.

En 1712, le docteur Mather écrivait à Wollaston qu'on avait découvert sept années auparavant, près de la rivière d'Hudson, à Albany, État de New-York, des os gigantesques. C'étaient des os de mastodonte ; mais, loin qu'on reconnût en eux des restes de proboscidiens, cette découverte fut considérée comme une preuve nouvelle à l'appui de ce que tant d'écrits racontaient de l'ancienne existence d'une race de géants.

En 1739, un officier français, M. de Longueil, naviguant sur l'Ohio, trouva au bord d'un marais des os, des dents et des défenses qui furent apportés à Paris. C'étaient encore des débris de mastodonte, et ce sont les premiers morceaux du grand mastodonte qui aient été vus en Europe. Ils font encore partie de la collection du muséum. L'animal dont ils provenaient fut alors ainsi désigné : *le grand animal de l'Ohio.*

Daubenton reconnut dans le fémur et dans la défense des os d'éléphant; mais il attribua les dents à l'hippopotame. Buffon n'accepta pas cette détermination; il admit que les os et les dents avaient appartenu au même animal, à un animal dont l'espèce n'existait plus. « Ces autres énormes dents dont la face qui broie est composée de grosses pointes mousses ont appartenu à une espèce détruite aujourd'hui sur la terre, comme ces grandes volutes appelées *cornes d'Ammon* sont actuellement détruites dans la mer. »

« L'on ne peut donc pas douter, dit-il encore, qu'indépendamment de l'éléphant et de l'hippopotame, dont on trouve également les dépouilles dans les deux continents, il n'y eût encore un autre animal commun aux deux continents, d'une grandeur supérieure à celle même des plus grands éléphants; car la forme carrée de ses énormes dents mâchelières prouve qu'elles étaient en nombre dans la mâchoire de l'animal, et quand on n'y en supposerait que six ou même quatre de chaque côté, on peut juger de l'énormité d'une tête qui aurait au moins seize dents mâchelières pesant chacune dix ou onze livres. »

Ici Buffon se trompe, parce qu'il suppose
que toutes les dents que le mastodonte a successivement existaient ensemble. Ce n'est pas
ainsi que les choses se passent chez les proboscidiens. Disons ce qui a eu lieu chez l'éléphant.
La molaire qui sert à la mastication a une
position telle, qu'elle s'use et diminue non-
seulement de grosseur, mais encore de longueur. Pendant que l'animal en fait usage, il
s'en développe une autre. Celle-ci pousse en
avant la dent active, dans le sens de la longueur de la mâchoire, sur laquelle elle glisse,
et la racine, ébranlée par ce mouvement singulier de locomotion, se casse, se décompose,
et diminue de grandeur dans les mêmes proportions que la dent entière. Bientôt la dent
s'ébranle, et finit par tomber pour céder sa
place à la nouvelle molaire qui l'a chassée. Un
autre germe se développe derrière cette nouvelle dent, et la pousse à son tour jusqu'à ce
qu'elle soit usée et tombée.

Les choses se passaient d'une manière analogue chez le mastodonte. « Ce qui est constant,
dit Cuvier, c'est que le grand mastodonte avait
successivement au moins quatre molaires de
chaque côté de la mâchoire inférieure, et

comme il n'y a pas de raison de croire qu'il ne s'en soit trouvé autant à la mâchoire supérieure, on doit penser qu'il en avait au moins seize en tout. Mais, comme dans l'éléphant, ces dents ne sont jamais toutes ensemble dans la bouche. Leur *succession* se fait, comme dans l'éléphant, d'avant en arrière. Quand celle de derrière commence à percer la gencive, celle de devant est usée et prête à tomber : elles se remplacent ainsi l'une après l'autre. Il ne paraît pas qu'il puisse y en avoir plus de deux de chaque côté en plein exercice ; à la fin, même, il n'y en a qu'une, comme dans l'éléphant. » Mais à son tour Cuvier se trompe ; il se trompe sur le nombre de dents qu'avait successivement le mastodonte. Ce nombre n'est pas de seize, mais de vingt-quatre, six pour chaque côté de chaque mâchoire.

Disons aussi que depuis Cuvier on a découvert que plusieurs espèces de mastodontes n'ont pas de dents de remplacement vertical.

D'après Cuvier, la hauteur du grand mastodonte de l'Ohio ne dépassait pas celle de l'éléphant. Il était d'ailleurs très-semblable à celui-ci par ses défenses et toute l'ostéologie, les mâchelières exceptées, qui étaient un peu

plus allongées ; il avait les membres plus épais
et le ventre plus mince. Le mastodonte se
nourrissait à peu près comme l'hippopotame et
le sanglier, choisissant de préférence les racines
et les autres parties charnues des végétaux,
ce qui devait l'attirer vers les terrains humides
et marécageux. Du reste, il n'était conformé
ni pour nager ni pour vivre longtemps dans
l'eau, comme l'hippopotame, et devait être un
animal essentiellement terrestre.

Depuis Cuvier le nombre des espèces du
genre mastodonte s'est accru ; et deux savants
paléontologistes anglais, MM. Falconer et
Cautley, ont proposé de les diviser en deux
sous-genres. On a appelé trilophodons (τρίλοφος,
à trois collines, ὀδούς, dent) les espèces qui ont
trois collines à la troisième molaire de lait, à
la première et à la deuxième molaire de la seconde dentition, et qui ont deux collines à la
seconde molaire de lait. On a nommé tétralophodons (τετράλοφος, à quatre collines) les
espèces où l'on observe quatre collines à la
troisième molaire de lait, à la première, à la
deuxième molaire de la seconde dentition, et
trois collines à la deuxième molaire de lait.

Mais M. Gaudry a trouvé en Grèce les restes

d'une espèce intermédiaire entre ces deux
sous-genres, c'est le *mastodon Pentelici*.

Comme les tétralophodons, ce mastodonte a
trois collines à la deuxième molaire de lait.

Et comme les trilophodons, il a quatre collines à la troisième molaire de lait.

« Quelques naturalistes, dit M. Gaudry, ont
déjà remarqué que le mastodonte devait avoir
une tête moins haute et plus longue que les
éléphants, et ainsi il se rapprochait davantage
du type ordinaire des pachydermes. L'examen
de la tête du *mastodon Pentelici* confirme cette
observation. Lorsque cet animal voulait toucher la terre avec sa trompe, sa longue symphyse, terminée par des défenses, devait le
gêner ; ceci me fait supposer que les mastodontes à grandes symphyses choisissaient en
général leur nourriture à une certaine hauteur au-dessus du sol, que par conséquent ils
vivaient de fruits ou de feuillages plutôt que de
racines. Leurs dents semblent accommodées
pour broyer des substances dures ; mais on
doit être circonspect pour déterminer d'après
la dentition le régime d'un animal fossile,
attendu que les récits des voyageurs prouvent
que des mammifères dont la dentition est ana-

logue ont quelquefois une nourriture différente.
Ainsi Delegorgue affirme que l'hippopotame,
quoiqu'il ait des molaires d'omnivore, ne se
nourrit jamais de racines, mais exclusivement
d'herbes et de roseaux. »

A propos du *mastodon Pentelici* M. Gaudry
fait remarquer combien la description des
espèces du genre mastodonte présente de difficultés. « Cependant, écrit-il, plusieurs des
espèces qui le composent sont très-disparates :
chez les unes, la symphyse de la mâchoire
inférieure s'allonge singulièrement pour soutenir de véritables défenses ; chez les autres, la
mâchoire inférieure est courte, et ne porte que
de petites incisives. Plusieurs ont des dents de
remplacement vertical, quelques-uns n'en ont
pas. Celles-ci rappellent par leurs molaires la
forme omnivore des cochons et des hippopotames ; celles-là ont plus de rapport avec le
tapir et le *dinotherium*. Enfin, les unes ont trois
collines aux dents intermédiaires, les autres en
ont quatre ou cinq. Ces différences, qui frap-
pent lorsque l'on considère seulement certaines espèces, paraissent moins tranchées
quand on passe toutes les espèces en revue.
Par exemple, il semblerait qu'on dût admettre

deux groupes naturels basés sur la forme des
dents; car il n'est point probable que des animaux dont les molaires sont constituées suivant le type tapiroïde aient eu le même régime
que ceux dont les molaires ont une disposition
mamelonnée. Cependant M. Lartet a remarqué
que les dents du *mastodon pyrenaicus* parti-
cipent du type tapiroïde en même temps que
du type mamelonné. »

Non-seulement il est difficile d'établir des
groupes distincts dans le genre mastodonte,
mais il est tout aussi peu aisé de marquer la
limite qui sépare ce genre de celui de l'éléphant; ou plutôt la difficulté croît à mesure
que les découvertes paléontologiques se mul-
tiplient et que les débris fossiles sont mieux
étudiés.

Tout d'abord on a regardé le mastodonte
comme formant un groupe bien tranché;
« mais, à mesure que la science marche, les
barrières qui semblaient séparer les êtres fossiles s'évanouissent. M. Clift a signalé dans
l'Inde des espèces dont les dents forment la
transition entre le type éléphant et le type
mastodonte; M. Lartet a cité, d'après MM. Falconer et Cautley, un éléphant chez lequel les

dents de lait étaient remplacées verticalement
comme dans plusieurs mastodontes : on sait
d'ailleurs que les éléphants et les mastodontes
ont des membres presque semblables. Aussi
de Blainville a été jusqu'à proposer de les
réunir dans un même genre. »

C'est ici le lieu de rappeler que, d'après
Agassiz, les caractères qui distinguent le mastodonte de l'éléphant sont comparables à ceux
qui séparent le jeune éléphant de l'éléphant
adulte.

Cela dit, nous passons aux éléphants.

II. — L'ÉLÉPHANT

Les os d'éléphant se trouvent en extrême
abondance dans toutes les régions de la terre,
et même dans les couches superficielles du
globe. Ces innombrables débris, à cause d'une
certaine ressemblance qui existe entre quelques os d'éléphant et les os de l'homme, ont
été souvent pris à témoin de l'antique existence
de races de géants. Ils appartiennent à différentes espèces; Cuvier n'en a connu, ou plutôt admis qu'un, et c'est l'éléphant appelé
mammouth par les Russes, et auquel Blumen-

bach a donné le nom d'éléphant primitif (*ele-phas primigenius*). « Il était haut de quinze
à dix-huit pieds, dit Cuvier, couvert d'une
laine grossière et roussé, et de longs poils

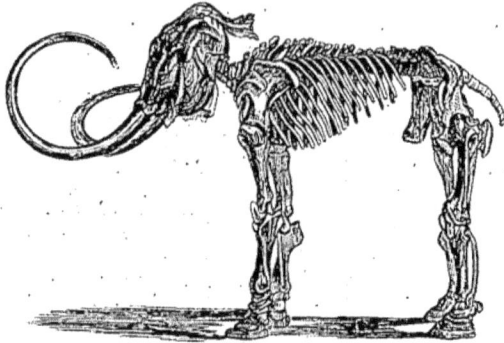

Squelette de mammouth.

roides et noirs qui lui formaient une crinière
le long du dos. Ses énormes défenses étaient
implantées dans des alvéoles plus longs que
ceux des éléphants de nos jours ; mais du reste
il ressemblait assez à l'éléphant des Indes. Il
a laissé des milliers de ses cadavres depuis
l'Espagne jusqu'aux rivages de la Sibérie, et
l'on en trouve dans toute l'Amérique septentrionale. Chacun sait que ses défenses sont
encore si bien conservées dans les pays froids,
qu'on les emploie aux mêmes usages que
l'ivoire frais. »

Le mammouth diffère essentiellement des
animaux vivants par sa longue crinière, par
son corps, entièrement couvert d'un poil doux,
laineux, long de neuf à dix pouces, roussâtre,
recouvert par-dessus d'une seconde robe de

Mammouth restauré.

poils rudes et grossiers, noirâtres et longs de
dix-huit pouces. Ce caractère seul prouvé qu'il
était organisé pour vivre dans les régions les
plus froides. Son crâne était allongé ; son front
concave ; les alvéoles de ses défenses étaient
fort longs, et les défenses elles-mêmes étaient
beaucoup plus grandes. que celles de l'élé-

8

phant d'Afrique, plus courbes, et la pointe
un peu rejetée en dehors. La mâchoire inférieure était obtuse, à mâchelières plus larges,
parallèles, et marquées de rubans plus serrés.

Les ossements fossiles de cette espèce se
trouvent dans tout le nord de l'Asie, de l'Europe, et même de l'Amérique. C'est surtout

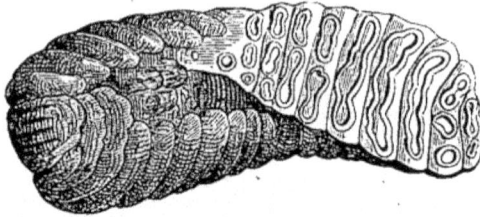

Dent de mammouth.

dans le Nord et dans les glaces de la Sibérie
qu'on le trouve, et il y est en quantité prodigieuse.

« Il n'est, dit Pallas, dans toute la Russie
asiatique, depuis le Don jusqu'à l'extrémité
des promontoires des Tchutchis, aucun fleuve,
aucune rivière, surtout de ceux qui coulent
dans les plaines, sur les rives ou dans le lit
desquels on n'ait trouvé quelques os d'éléphants et d'autres animaux étrangers au climat. Mais les contrées élevées, les chaînes
primitives et schisteuses en manquent, ainsi

que de pétrifications marines, tandis que les
pentes inférieures et les grandes plaines limo-
neuses et sablonneuses en fournissent partout
aux endroits où elles sont rongées par les rivières et les ruisseaux ; ce qui prouve qu'on
n'en trouverait pas moins dans le reste de leur
étendue, si l'on avait les mêmes moyens d'y
creuser. »

Certaines îles de la mer Glaciale sont formées
d'os et de défenses d'éléphants, autant que de
sable et de glace. Parlant d'une de ces îles qui
n'a pas moins de trente-six lieues de long, et
qui, à part quelques rochers, n'est qu'un mélange de sable et de glace, Billing écrit : « Toute
l'île est formée des os de cet animal extraordinaire (le mammouth), de cornes et de crânes
de buffle ou d'un animal qui lui ressemble, et
de quelques cornes de rhinocëros ; aussi, lorsque le dégel fait tomber une partie du rivage,
trouve-t-on en abondance des os de mammouth. »

Le navigateur Kotzebue, accompagné par
l'illustre Chamisso, en a trouvé des quantités
immenses sur la côte nord d'Amérique.

Mais voici quelque chose de bien plus remarquable, et qui toutefois ne nous étonnera plus

après ce qui a été rapporté au chapitre du rhinocéros à narines cloisonnées.

Isbrant Ides, qui parcourait en 1692 le nord
de l'Asie, rapporte qu'après toutes les grandes
crues des fleuves et des rivières de la Sibérie,
on trouva sur les bords de ces cours d'eau, au
milieu des masses de terre arrachées par eux
aux contrées qu'ils traversent, non-seulement
des dents de mammouth, mais même des
mammouths entiers. « Un voyageur qui venait
à la Chine avec moi, ajoute-t-il, et qui allait
tous les ans à la recherche des dents de mammouth, m'assura avoir trouvé une fois, dans
une pièce de terre gelée, la tête entière d'un
de ces animaux dont la *chair* était corrompue;
que les dents sortaient du museau comme
celles des éléphants, et que ses compagnons
et lui eurent beaucoup de peine à les arracher,
aussi bien que quelques os de la tête, et entre
autres celui du cou, lequel était encore comme
teint de sang; qu'enfin, ayant cherché plus
avant dans la même pièce de terre, il y trouva
un pied gelé d'une grosseur monstrueuse, qu'il
porta à la ville de Tragan. Ce pied avait, ainsi
que le voyageur m'a dit, autant de circonférence qu'un gros homme au milieu du corps. »

« Les vieux Russes de Sibérie, dit-il encore,
croient que les mammouths ne sont autre chose
que des éléphants, *quoique les dents que l'on
trouve soient un peu plus recourbées et plus
serrées dans la mâchoire que celles de ces derniers animaux.* Avant le déluge, disent-ils,
le pays était fort chaud, et il y avait grande
quantité d'éléphants, lesquels flottèrent sur
les eaux jusqu'à l'écoulement, et s'enterrèrent
ensuite dans le limon. Le climat étant devenu
très-froid après cette grande catastrophe, le
*limon gela et avec lui les corps d'éléphants,
lesquels se conservent dans la terre sans corruption jusqu'à ce que le dégel les découvre.* »

On raconte qu'en 1799 un pêcheur tongouse
remarqua sur les bords de la mer Glaciale,
près de l'embouchure de la Léna, au milieu
des glaçons, un bloc informe qu'il ne put reconnaître. L'année d'après, il s'aperçut que
cette masse était un peu plus dégagée; mais il
ne devinait point encore ce que ce pouvait
être. Vers la fin de l'été suivant, le flanc tout
entier de l'animal et une de ses défenses étaient
distinctement sortis des glaçons. Ce ne fut que
la cinquième année que, les glaces ayant fondu
plus vite que de coutume, cette masse énorme

vint échouer à la côte sur un banc de sable. Au
mois de mars 1804, le pêcheur enleva les défenses, dont il se défit pour une valeur de
cinquante roubles. On exécuta, à cette occasion, un dessin grossier de l'animal, qui n'é-
tait autre qu'un mammouth, ainsi qu'on le sut
plus tard, et on verra tout à l'heure comment
on l'apprit.

Dans l'année qui suivit la découverte de
ce pêcheur, Gabriel Saryschew, auteur d'un
Voyage au nord de la Sibérie, trouva sur les
bords de l'Alaseia, fleuve qui se jette dans la
mer Glaciale, à l'est de l'Indigirska, un mammouth entier, environné de glace et que le flot
avait mis à nu. Il était debout, encore enveloppé de la peau, couverte de ses longs poils.

Enfin, en 1806, le mammouth découvert
en 1799, et dont il a été question plus haut,
fut revu par un membre de l'Académie de
Saint-Pétersbourg, et voici ce qu'on dit à ce
sujet dans les *Mémoires* de cette Académie.

« M. Adams, adjoint de l'Académie de Saint-
Pétersbourg et professeur à Moscou, qui voya-
geait avec le comte Golovkin, envoyé par la
Russie en ambassade à la Chine, ayant été
informé à Iakoutsk de cette découverte, se ren-

dit sur les lieux. Il y trouva l'animal déjà fort
mutilé. Les Iakoutes du voisinage en avaient
dépecé les chairs pour nourrir leurs chiens.
Des bêtes féroces en avaient aussi mangé;
cependant le squelette se trouvait encore entier, à l'exception d'un pied de devant. L'épine
du dos, une omoplate, le bassin et les restes
des trois extrémités étaient encore réunis par
les ligaments et par une portion de la peau.
L'omoplate manquant se retrouva à quelque
distance. La tête était recouverte d'une peau
sèche. Une des oreilles, bien conservée, était
garnie d'une touffe de crins; on distinguait
encore la prunelle de l'œil. Le cerveau se
trouvait dans le crâne, mais desséché; la lèvre
inférieure avait été rongée, et la lèvre supérieure, détruite, laissait voir les mâchelières.
La peau était couverte de crins noirs et d'un
poil ou laine rougeâtres; ce qui en restait était
si lourd, que dix personnes eurent beaucoup
de peine à le transporter. On en retira, selon
M. Adams, plus de trente livres de poils et
de crins que les ours blancs avaient enfoncés
dans le sol humide en dévorant les chairs.
L'animal était mâle; ses défenses étaient longues de plus de neuf pieds en suivant les cour-

bures, et sa tête, sans les défenses, pesait plus
de cent livres.

« M. Adams mit le plus grand soin à recueillir ce qui restait de cet echantillon unique
d'une ancienne création; il racheta ensuite les
défenses à Iakoutsk. L'empereur de Russie,
qui a acquis de lui ce précieux monument,
moyennant la somme de huit mille roubles,
l'a fait déposer à l'Académie de Pétersbourg. »

Le muséum d'histoire naturelle de Paris
possède un morceau de peau et des mèches de
crin, avec des flocons de laine, d'un troisième
éléphant trouvé entier sur les bords de la mer
Glaciale.

Un des voyageurs ci-dessus cités, Isbrant
Idès, rapporte de quelle façon les indigènes
de l'Asie septentrionale expliquent ces découvertes. Selon eux, l'espèce du mammouth est
encore vivante.

« Les idolâtres, dit-il, comme les Iakoutes,
les Tongouses et les Ostiakes, disent que les
mammouths se tiennent dans des souterrains
fort spacieux d'où ils ne sortent jamais; qu'ils
peuvent aller çà et là dans ces souterrains,
mais que, dès qu'ils ont passé dans un lieu,
le dessus de la caverne s'élève, ensuite s'abîme,

formant en cet endroit un précipice profond ; ils sont aussi persuadés qu'un mammouth meurt aussitôt qu'il voit la lumière, et soutiennent que c'est ainsi que périssent .ceux qu'on trouve morts sur les rivages des rivières voisines de leurs souterrains, où ces animaux s'avancent inconsidérément. »

La même croyance existe dans le Céleste Empire, et voici ce qu'on trouve dans les *Mémoires* des missionnaires de la Chine.

« Selon, dit M. d'Orbigny, les observations de physique de l'empereur Kunghi, le froid est extrême et presque continuel sur la côte de la mer du Nord, au delà du Tai-tang-Kiang. C'est sur cette côte qu'on trouve le tan-chou, animal qui ressemble à un rat, mais *qui est gros comme un éléphant*. Il habite dans les cavernes obscures, et fuit sans cesse la lumière ; *on en tire un ivoire* qui est aussi blanc que celui de l'éléphant, mais plus facile à travailler, et qui ne se fend pas. Sa chair est très-froide et excellente pour rafraîchir le sang. L'ancien livre *Chou-King* parle de cet animal en ces termes : « Il y a dans le fond du nord, parmi les neiges et les glaces qui couvrent ce pays, un rat qui pèse plus de mille livres ;

8*

sa chair est très-bonne pour ceux qui sont échauffés. »

M. Boitard dit à ce sujet : « Ne pourrait-on pas se demander si le tan-chou de l'empereur Kanghi ne serait pas le mammouth, et si, dans ce cas, ce monstrueux animal n'existerait pas encore dans quelque coin retiré et inaccessible du globe? Ce qu'il y a de certain, c'est qu'on ne me fera jamais comprendre comment on a pu nourrir des chiens, en 1806, avec la chair d'un animal mort avant les temps historiques, c'est-à-dire il y a cinq à six mille ans; et s'il fallait ici donner des raisons de mon incrédulité, elles ne me manqueraient pas. »

Le fait s'explique cependant très-bien par le contact permanent de ces cadavres de mammouth avec les terrains glacés dans lesquels ils sont ensevelis. Il est du reste évident, par l'épaisse fourrure qui recouvrait ces animaux, qu'à l'inverse des éléphants actuels, ils étaient organisés pour vivre dans les contrées froides.

III. — LE DINOTHERIUM

Le *dinotherium,* dont le nom signifie *bête terrible,* est, comme l'éléphant et le mastodonte,

un proboscidien, et comme eux il a habité nos
contrées (la France, l'Allemagne, la Suisse).
Ses dimensions, supérieures même à celles des
colosses qu'on vient de nommer, et la forme
étrange de sa tête, l'ont rendu célèbre parmi
les naturalistes. Le crâne a des rapports avec

Crâne de *dinotherium,*

celui du lamantin, qui est un cétacé herbivore,
et sa mâchoire inférieure est terminée par deux
énormes défenses qui se dirigent en bas. Une
tête presque entière, découverte en 1836, dans
la Hesse-Darmstadt, à Uppelsheim, et qui fut
exposée l'année suivante à Paris, avait un
mètre cent quinze millimètres de long (depuis
l'extrémité de l'os de la tempe jusqu'aux condyles), et un mètre de large. L'histoire des

opinions auxquelles les restes du *dinotherium*
ont donné lieu, est curieuse et instructive.

Quelques dents exhumées vers la fin du siècle
dernier de différents points de la France et de
l'Allemagne révélèrent son existence. Réaumur
et Rosier ont figuré ses molaires; Cuvier, qui
n'eut à sa disposition que deux mâchoires et
des dents, prouva bien que ce n'est pas toujours assez d'une extrémité d'os bien confor-
mée pour reconstruire un animal, car il décrivit
ces mâchoires et ces dents comme ayant appartenu à un *tapir gigantesque,* un tapir long de
six mètres.

Kaup, d'après l'examen du crâne, créa le
genre en 1833. Mais où le placer? Tout d'abord
il le plaça entre le *mastodon* et le *bradypus.*
Bientôt après, il en fit une famille à part dans
le groupe des paresseux et des pangolins;
enfin, en 1837, il le plaça parmi les pachydermes proprement dits, dans un genre voisin
de l'hippopotame. « En voyant ce crâne, écrivait-il à cette époque, tout zoologiste convien-
dra avec moi qu'il n'y a rien au monde de
moins infaillible que certaines théories qui,
sur la vue d'un fragment d'ossement, préten-
dent reconstruire à l'instant tout l'animal. »

Buckland, en 1835, avait fait du *dinothe-rium* un animal aquatique ; Strauss, en 1837, en fit une famille de cétacés tendant aux pachydermes ; de Blainville, dans la même année, en faisait un genre de mammifères de la famille des dugongs et des lamantins.

Enfin, en 1856, quelques os des membres, des os du tarse et du carpe, trouvés par M. Gaudry, le conduisirent, d'accord avec M. Lartet, à classer le dinotherium parmi les proboscidiens. En 1860, il découvrit des os d'une taille colossale et de formes inconnues jusqu'alors ; c'était une omoplate, un cubitus en connexion avec le radius, les deuxième, troisième et quatrième métacarpiens, un tibia auquel était joint le péroné, une rotule et un astragale. Or si, comme cela paraît très-vraisemblable, ces os appartiennent au *dinotherium,* on a là, ainsi que M. Gaudry le fait observer, une preuve nouvelle et irrévocable de la justesse de cette remarque que *les animaux fossiles empruntent souvent leurs caractères à des genres bien différents.*

En effet, tandis que par son crâne le *dino-therium* s'éloigne moins des lamantins que des éléphants, par ses membres il s'écarte extrêmement des premiers pour se rapprocher des seconds. En résumé, c'est avec l'éléphant et le mastodonte qu'il a le plus de rapport, quoiqu'il soit plus loin d'eux que ces animaux ne le sont l'un de l'autre. On voit donc que, comme le dit encore notre auteur, « même avec un crâne parfaitement entier, on n'a pu déterminer quel était le corps du *dinotherium;* pour connaître ses membres, il faut les extraire des roches où ils sont enfouis ; la loi des connexions n'a pas fait deviner leurs formes. »

La hauteur du *dinotherium,* prise au garrot, paraît avoir été de quatre mètres cinquante cent. ; sa taille dépassait notablement celle des éléphants actuels. Il faut attendre que son squelette soit plus complétement connu pour rien dire de son genre de vie ; les phalanges, en particulier, nous manquent.

M. Gaudry nous a fait connaître les membres du *dinotherium.* Le P. Sanna Solaro vient d'en découvrir le bassin.

Les dimensions de cette pièce sont énormes : hauteur, un mètre trente cent. depuis l'extrémité inférieure de la symphyse du pubis jusqu'à l'extrémité de l'épine supérieure des os des iles ; largeur, un mètre quatre-vingts

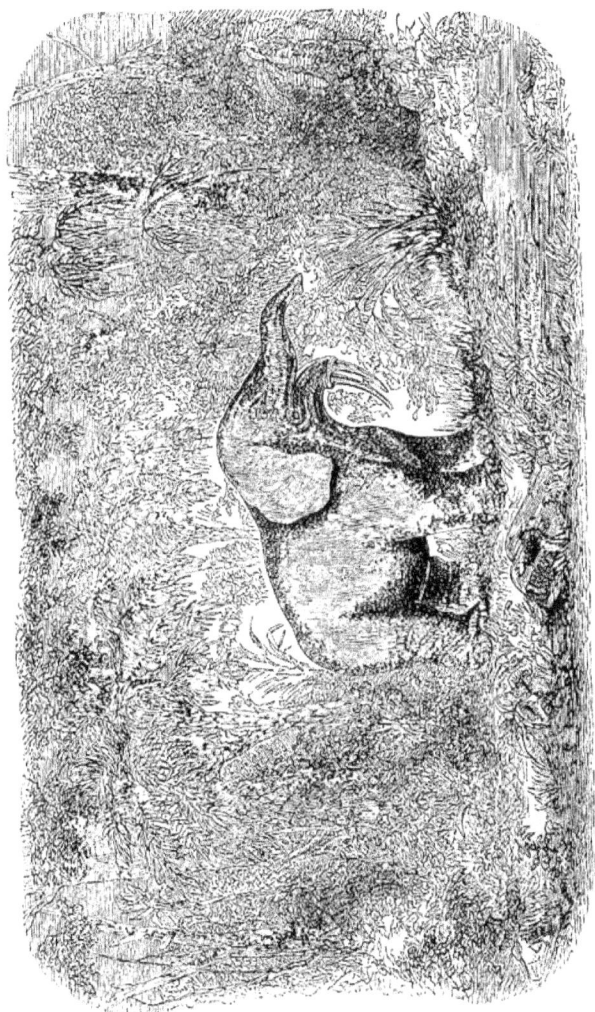

Dinotherium restauré.

cent. d'une crête à l'autre des iles. Par sa
forme comme par la position qu'il a dû occuper dans l'animal vivant, ce bassin s'éloigne
beaucoup de celui du tapir pour se rapprocher
de ceux du *megatherium* et de l'éléphant; il
était droit comme chez ceux-ci, tandis qu'il
est penché en avant chez le tapir. Mais voici
le point le plus curieux des découvertes du
P. Sanna Solaro :

On sait que chez les *marsupiaux* (exemple :
les sarigues et les kanguroos) les petits sont
mis au jour à l'état d'embryons. A peine nés,
ils se greffent aux tetines de la mère jusqu'à ce
que leur développement soit achevé. Chez la
plupart des espèces, les tetines sont placées
dans une poche ventrale formée par un repli
de la peau, au fond de laquelle, pour le dire
en passant, les petits, lorsqu'ils sont devenus
indépendants, trouvent un refuge et un abri.
Enfin, dans tous les marsupiaux, la région
mammaire est soutenue par deux os longs qui
s'articulent sur l'arcade du pubis, et auxquels
on donne le nom d'os marsupiaux.

Eh bien, le P. Sanna Solaro a fait la découverte de véritables os marsupiaux sur le bassin
du gigantesque *dinotherium ;* seulement les

tiges osseuses, au lieu de naître de la hanche antérieure du pubis, s'articulent sur l'iléon dans une cavité triangulaire située à côté de la cavité cotyloïde. « Les dimensions d'une poche abdominale prenant naissance sur le pubis n'auraient pas été en rapport, — fait observer l'auteur, — avec le volume considérable que le jeune du *dinotherium* devait avoir dans la seconde période de sa vie. »

Comme les marsupiaux et comme les monotrèmes (ornithorhynque, échidné), le *dinotherium* aurait donc été un aplacentaire : conclusion assurément bien inattendue ; mais qu'il fût un animal à bourse, c'est ce que bien évidemment la présence des os marsupiaux ne suffit pas à démontrer : on trouve, en effet, ces os chez les monotrèmes, et les monotrèmes n'ont pas de poche abdominale. C'est à quoi le P. Sanna Solaro paraît n'avoir pas songé.

LES OISEAUX

Malgré les nombreuses découvertes dont la paléontologie des mammifères est en possession, cette branche de la science est encore peu avancée. C'est bien pis de la paléontologie des oiseaux ; celle-ci est à peine sortie de l'enfance.

Un naturaliste dont la compétence spéciale en ornithologie est universellement reconnue, le prince Charles Bonaparte, s'expliquant sur ce point il y a une dizaine d'années, disait :

« Les oiseaux n'ont pas encore trouvé, comme les mammifères, leur Cuvier ; comme les poissons, leur Agassiz : incomparables historiens qui ont donné une nouvelle vie à des races à jamais éteintes. »

Cette infériorité a plusieurs causes, au nombre desquelles le savant naturaliste mentionnait la suivante :

« Il est aisé de comprendre, disait-il, combien est difficile la détermination des oiseaux fossiles, et comment la simple inspection d'un fragment d'os endommagé, ou, moins encore, d'une simple impression du pied, a pu donner à certains naturalistes une occasion plus commode que rationnelle de créer des espèces et des genres nouveaux. On conçoit aussi comment l'uniformité assez grande qui règne dans la composition du squelette des oiseaux, conformité qu'on s'est encore plu à exagérer, a permis à des observateurs superficiels de ballotter d'une famille, et même d'un ordre à l'autre, les espèces les plus distinctes et les mieux caractérisées.

« Tout en disant qu'on exagère souvent la similitude des squelettes, dont on n'étudie généralement bien que les pattes et le bec, nous sommes forcés d'admettre que le type oiseau varie, quant à la charpente osseuse, beaucoup moins que celui des autres animaux vertébrés. On en pourrait citer mille exemples pour un; et certes il y a bien peu de zoologistes qui puissent décider à coup sûr à quel ordre appartient un squelette auquel on aurait ôté le bec et les ongles, et leur hésitation, assez na-

turelle sur ce sujet, a été la cause de ces ballot-
tages d'espèce à espèce, de genre à genre,
dont nous venons de parler. »

Un savant paléontologiste, M. Pictet, avait
dit lui-même quatre années auparavant :

« Le peu de précision des caractères ostéologiques s'opposera probablement à ce que
cette partie de la paléontologie puisse jamais
s'asseoir sur des bases aussi rigoureuses et
aussi certaines que celles qui traitent d'animaux dont les différences ostéologiques sont
plus nombreuses et plus tranchées. »

Mais le progrès n'est pas un vain mot, et la
situation n'est plus aujourd'hui exactement ce
qu'elle était lorsque les lignes qui précèdent
ont été écrites.

Pour nous en convaincre, nous n'avons qu'à
prendre connaissance du rapport sur le grand
prix des sciences physiques pour l'année 1865,
présenté à l'Académie par M. de Quatrefages
dans la séance publique annuelle tenue le 5
mars 1866.

Ce prix, offert au « travail ostéologique qui
aurait le plus contribué à l'avancement de l'ostéologie française », fut décerné, en effet, à
un mémoire sur la *faune ornithologique aux*

époques tertiaires et quaternaires, dont l'auteur est M. Alphonse Milne-Edwards.

Or il résulte précisément des recherches consignées dans ce travail, que les os d'oiseaux qui ont le mieux résisté à l'action du temps et qui figurent le plus souvent dans nos collections, que les os longs présentent pour la détermination des espèces tout autant de ressources que ceux (tels que la tête et le bec) dont la fragilité a entraîné la destruction habituelle.

Parmi eux, il en est un qui mérite surtout l'attention. C'est le tarso-métatarsien, vulgairement appelé l'*os de la patte*. Destiné à porter le poids entier de l'animal, il possède une solidité exceptionnelle. En outre, les saillies et les dépressions de sa surface sont nécessairement en rapport avec la direction des tendons des muscles des pieds qui le longent d'une extrémité à l'autre, et la solidité de l'ensemble exigeait que ces saillies, ces dépressions fussent fortement accusées. De là il résulte qu'on retrouve dans le tarso-métatarsien comme un reflet de la structure du pied. Or on sait combien est important le rôle attribué dans la classification des oiseaux à cette partie du

corps, qui est forcément en harmonie avec le
genre de vie de l'animal. De tous ces faits déjà
connus on aurait pu conjecturer que le tarso-
métatarsien devait avoir une importance très-
grande dans les recherches du genre de celles
dont il s'agit ici. Dans son travail, notre auteur confirme pleinement cette déduction, et
va même au delà. De l'ensemble de ses études
il a cru pouvoir conclure que « cette partie du
« squelette présente une grande fixité, et peut
« être employée pour les déterminations zoo-
« logiques (des oiseaux) avec non moins de
« sûreté que la constitution du système den-
« taire dans la classe des mammifères ».

« Ainsi, dit le rapporteur, l'étude suffisam-
ment attentive des os a dissipé le préjugé qui,
en leur attribuant à tort une uniformité très-
grande de forme, chez les oiseaux, s'opposait
aux progrès de la paléontologie ornithologique. »

Disons cependant qu'après l'expérience acquise en mammalogie, et qui, comme on l'a vu,
ne permet plus de mettre qu'une confiance li-
mitée dans des principes de détermination qui,
à l'origine, parurent dignes d'une confiance
absolue, on ne peut guère espérer que la seule

192 LES ANIMAUX D'AUTREFOIS

inspection d'un métatarsien puisse toujours
suffire pour reconstruire un oiseau fossile, et
c'est du reste ce que la commission paraît reconnaître ; car, après avoir déclaré que, dans
les cas examinés par elle, la règle posée par
l'auteur du mémoire s'est trouvée juste, elle
croit devoir faire ses réserves pour les résultats
à venir.

Toujours reste-t-il que le tarso-métatarsien
présente pour la détermination des oiseaux
fossiles des ressources qu'on était loin de soup-
çonner ; c'est un premier point de gagné, un
point considérable, et, en continuant la lecture du rapport, nous allons voir l'étude per-
sévérante de localités fossilifères faire justice
d'une autre idée préconçue, non moins pré-
judiciable que la précédente au progrès de
l'ornithologie fossile.

Tout le monde, en effet, s'accorde à dire que
les fossiles d'oiseaux sont relativement fort
rares. Il est certain qu'ils le sont dans nos collections ; mais l'auteur démontre que cela tient
uniquement à la négligence des collection-
neurs. Ayant, en effet, entrepris des fouilles
dans les localités qui lui paraissaient devoir le
mieux l'indemniser de ses peines, à Sansan,

entre autres, et à Saint-Géraud-le-Puy dans
le département de l'Allier, il a réuni en quatre
années plus de quatre mille échantillons ; aucune collection publique n'en renferme autant.
Saint-Géraud-le-Puy mérite une mention
spéciale. Au milieu des masses de calcaire con-
crétionné qu'on exploite comme carrière, se
rencontrent des amas de sable fin, mêlés de
petits débris calcaires. C'est dans ces espèces
de poches que les ossements sont le plus souvent entassés et dans un excellent état de conservation. Les différentes parties d'un même
squelette s'y trouvent parfois réunies ; toutefois on n'y rencontre d'ordinaire que des os
isolés. On rencontre dans la même localité ou
dans les localités voisines des œufs entiers,
dont la coquille est intacte, et jusqu'à des empreintes de plumes assez nettes pour permettre
de reconnaître la disposition des barbules.

Rassurés maintenant sur l'avenir de cette
partie de la science, à laquelle les éléments de
progrès ne manquent pas plus qu'ils n'ont fait
défaut aux autres, nous passerons en revue
quelques espèces remarquables.

I. — L'OISEAU DU MASSACHUSETTS

À l'époque où le grès rouge des États-Unis déposait au fond de l'eau ses couches régulières, vivait un animal qui ne nous est connu que par la trace de ses pieds s'imprimant sur un sol encore humide. Les grès du Massachusetts nous les ont fidèlement conservées. Dans le voisinage s'aperçoivent les traces des gouttes de pluie tombées en ces temps lointains. L'absence complète d'ossements n'est du reste point particulière à ce mystérieux fossile. Le même grès du *trias* qui nous révèle son existence montre aux États-Unis plus de cinquante espèces de pas, attribués à autant d'animaux distincts, dont aucun, autant qu'on en peut juger jusqu'ici, ne nous a laissé rien autre chose.

La véritable nature des empreintes dont il s'agit ne saurait être aujourd'hui douteuse pour personne, au sentiment d'Alcide d'Orbigny. M. Hitchcock, qui les a parfaitement étudiées, a prouvé, par de savantes recherches, qu'il n'était possible de les attribuer à aucune autre classe d'animaux marcheurs qu'à celle des

oiseaux. Elles sont généralement composées
de trois doigts, le médium étant plus long que
les deux autres.

Quoique l'étude que M. Hitchcock a faite de

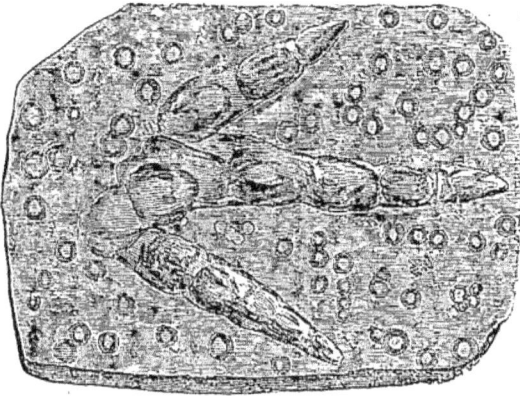

Empreinte des grès du Massachusetts.

ces empreintes semble conduire à cette conséquence qu'elles ont été laissées par un oiseau,
on a hésité longtemps à leur reconnaître cette
origine, tant il paraissait invraisemblable qu'un
oiseau eût vécu à une époque aussi reculée.
Le grès dont il aurait été contemporain appartient, comme on vient de le dire, aux terrains
de trias. Mais nombre de faits récemment découverts et bien constatés nous ayant appris
qu'un très-grand nombre d'animaux (de mam-

mifères entre autres et de sauriens) sont
beaucoup plus anciens qu'on ne l'avait cru;
l'origine ornithologique des empreintes en
question n'est plus aussi invraisemblable.

II. — LE GASTORNIS PARISIENSIS

Beaucoup moins ancien que l'oiseau pré-
sumé du grès rouge, celui-ci date cependant
encore d'une époque très-reculée.

Ses ossements ont été découverts à la partie
la plus inférieure du terrain tertiaire, dans un
conglomérat qui remplit les anfractuosités de
la craie.

Moins gros aussi que l'oiseau du Massachusetts, si celui-ci a jamais existé, le *gastornis* était encore un géant.

. C'était, en effet, un oiseau grand comme
l'autruche, gros comme un cheval; il nageait
comme un cygne, dormait debout sur une
patte comme une cigogne. D'après M. Alphonse
Milne-Edwards, il aurait des analogies assez
étroites avec le *gralle*. Les empreintes de pas
d'oiseaux gigantesques trouvées dans le gypse
par M. J. Desnoyers ont peut-être été laissées
par le gastornis.

Le gastornis a été découvert en 1855 au Bas-
Meudon près Paris, à l'endroit dit *les Mouli-
neaux*. Son nom lui a été donné par M. Constant Prevost, en l'honneur de M. Gaston
Planté, alors préparateur du cours de physique du Conservatoire des arts et métiers,
et premier auteur de la découverte.

On trouva d'abord un tibia. Ce tibia, mesuré
par M. Hébert, avait : longueur, quatre cent
cinquante millimètres ; largeur, à la partie
moyenne, quatre-vingt millimètres, et à la
partie supérieure, qui est écrasée, quatre-
vingt-quinze millimètres. Quelques jours
après, dans le même lieu, à trois mètres de
distance horizontale du point où avait été ra-
massé le tibia, on trouva un fémur.

L'authenticité du gisement ne paraît laisser
aucune place au doute.

« Cet os, disait M. Hébert, à propos du
tibia, portait à l'extérieur une gangue épaisse
de sulfate de chaux cristallisé ; il est à l'intérieur rempli de la même substance, mélangée
à des matières argileuses et ferrugineuses. Les
cassures qui existent dans l'os sont également
tapissées de cristaux de gypse. Le gisement de
ce fossile est donc incontestable, et appartient

bien à l'assise au milieu de laquelle M. Planté l'a trouvé; il n'y a pas été introduit postérieurement. »

De son côté, M. Constant Prevost a constaté que le lit d'argile dans lequel reposait le gastornis « n'a pu être le produit d'un remaniement ou d'un éboulement postérieur au dépôt du calcaire grossier ».

Combien de siècles écoulés depuis! Ni les meulières caverneuses, ni les grès marins, ni les marnes à huîtres que nous observons dans nos environs, ni le gypse de Montmartre et de la plupart de nos collines, ni la pierre à bâtir dont les puissantes assises servent de fondation à la grande ville, rien de tout cela n'existait. L'emplacement que Paris devait occuper était recouvert par les eaux, et les matériaux futurs de nos habitations et de nos monuments se déposaient lentement au fond de la mer profonde.

III. — DINORNIS ET PALAPTÉRYX

A l'inverse des précédents, ceux-ci appartiennent à une époque très-récente; car on les trouve dans les dépôts diluviens de la Nouvelle-

Zélande. Mais pour la taille ils l'emportaient
encore sur le gastornis : celui-ci n'était pas plus
grand que l'autruche, tandis qu'une des es-

Dinornis restauré.

pèces du *dinornis* avait plus de quatre mètres
de haut.

On voit que son nom, qui signifie *oiseau
prodigieux*, est parfaitement justifié.

Ce nom lui a été donné par M. Owen. C'est

le même oiseau que les indigènes de la Nouvelle-Zélande nomment *moa*. Celui de *palaptéryx* signifie ancien *aptéryx*.

Ces genres fossiles sont intermédiaires pour
la forme entre les casoars et les aptéryx.

La première preuve directe qu'on ait eue de
l'existence des moas fut acquise en 1839. A
cette époque un fragment d'os énorme fut
envoyé à Londres; on eût dit un os de bœuf.
Owen y reconnut un os d'oiseau gigantesque,
d'un oiseau plus grand que l'autruche. On
conçoit l'étonnement, l'admiration des naturalistes.

Quatre années n'étaient pas écoulées qu'un
missionnaire, Williams, envoyait (1842) à
Buckland plusieurs caisses remplies d'os de
moas, trouvés dans l'île du nord de la Nouvelle-Zélande. Le savant géologue en fit don
au *Collége de chirurgiens de Londres*.

Il y a dix ans environ, M. Walter Mantell,
ayant exploré les deux îles, parvint à réunir
plus d'un millier d'os. Ils ont été achetés par le
musée britannique.

« Je n'oublierai jamais, dit M. d'Hochstetter,
l'impression que me causa l'aspect de ces ossements et de ces squelettes, lorsque j'entrai pour

la première fois dans la galerie nord du musée
britannique. »

Au moment où M. d'Hochstetter visitait
cette merveilleuse collection, il se préparait
à prendre part, en qualité de naturaliste, au
voyage de circumnavigation de la frégate au-
trichienne *la Novara*. Laissons-le parler; car
il figure lui-même parmi les *chercheurs d'os*
de moa.

« C'était, écrit-il, quelques semaines avant
le départ de la frégate. Parmi les îles de la mer
du Sud que nous devions visiter, la Nouvelle-
Zélande se trouvait indiquée en première ligne.
Depuis que j'avais vu à Londres ces os énormes, l'espoir et le désir ne me quittaient plus
de rapporter de la Nouvelle-Zélande des trésors pareils pour nos musées. Néanmoins mes
espérances et mes vœux auraient été trompés,
si le hasard n'avait pas voulu que je pusse, à
notre arrivée, me séparer de l'expédition pour
faire un séjour plus long dans la Nouvelle-
Zélande. Malgré cette circonstance favorable,
je ne vis pas encore mes efforts couronnés de
succès dans les premiers mois. J'avais exploré
toutes les régions de l'île du nord, célèbre
quelques années auparavant, comme les gise-

ments principaux des os de dinornis; j'avais
scruté toutes les cavernes à moas, sans y découvrir une trace de ce que je cherchais. Les
amateurs qui avaient avant moi visité les lieux
en avaient emporté jusqu'au dernier débris
d'os; et les Maoris, voyant qu'ils pouvaient
faire des affaires avec ces produits de leur sol,
avaient recueilli tout ce qu'ils avaient pu trouver, et l'avaient vendu très-cher aux amateurs
européens. Les seuls restes de ces trésors que
je pusse dénicher étaient deux os qu'un vieux
chef de Touhoua cachait depuis longtemps dans
sa cabane; il les retira du trou où il les avait
enfouis, et me les céda, après de longues négo-
ciations, pour une couverture de laine et un
peu d'argent. C'était le bassin d'une espèce
plus petite, et un tibia un peu enfumé d'une
autre espèce également petite; le chef s'en
était servi longtemps comme d'une massue. »

Un peu plus tard, se trouvant dans l'île du
Milieu, M. d'Hochstetter apprit de mineurs
occupés aux placers de la province Nelson
l'existence d'une caverne nouvellement découverte, dans laquelle on avait rencontré le squelette, à peu près complet, d'un oiseau gigantesque. La même caverne devait encore, au

dire de ces gens, renfermer beaucoup d'autres ossements. M. d'Hochstetter se fit incontinent conduire à l'endroit indiqué, et il eut la satisfaction de retirer de l'argile quelques fragments d'os.

Il fit aussitôt entreprendre des fouilles plus actives; elles furent si productives qu'au bout de trois jours on avait réuni les squelettes plus ou moins complets de dix individus appartenant à six ou sept espèces différentes. Ces précieuses trouvailles sont aujourd'hui une des principales richesses du musée de Vienne.

Enfin tout dernièrement (1864) un naturaliste, M. Alldis, a présenté à la société linnéenne de Londres un grand nombre d'ossements représentant presque en entier un squelette auquel, tant l'espèce est récente, adhèrent encore des cartilages, des tendons et des ligaments dont plusieurs avaient une certaine élasticité.

La découverte en a été faite près de Dunedin par des gens en quête de toute autre chose; c'étaient des chercheurs d'or, et les os ont été rencontrés dans une situation qui fait supposer que le moa est mort en place et sur son nid. Son squelette recouvrait, en effet, les osse-

ments de quelques petits. Le tout était enfoui
dans un sable mouvant.

C'en est assez pour montrer combien sont
abondants les restes de ces oiseaux gigantesques.

Ceux que possèdent le collége des chirurgiens de Londres et le musée britannique ont
fourni à MM. Buckland et Richard Owen la
matière de plusieurs mémoires importants.
Ceux que M. d'Hochstetter a rapportés à
Vienne ont été étudiés par M. le docteur
Jaeger.

Il résulte de ces belles recherches que les
oiseaux nommés moas à la Nouvelle-Zélande
appartiennent non-seulement à un assez grand
nombre d'espèces, mais même à plusieurs
genres différents.

L'un de ces genres est le dinornis;

L'autre est le palaptéryx.

Le premier n'avait que trois doigts; le second en avait quatre.

Une des espèces les plus curieuses de dinornis est celle qui a reçu le nom de *dinornis
elephantopus*. Ce n'est pas la plus grande; elle
le cède de beaucoup sous le rapport de la taille
au *dinornis giganteus*, puisqu'elle n'a qu'un

mètre soixante de haut ; mais la structure
solide et massive de ses pieds, qui n'est pas
sans analogie avec celle du pied des pachydermes, la rend extrêmement remarquable.
Son squelette figure dans le musée britannique
à côté de celui du grand *mastodonte de l'Ohio*.

Le *palaptéryx ingens* avait deux mètres
trente à deux mètres quarante de haut. Les
extrémités antérieures des ailes, beaucoup
plus rudimentaires encore que chez l'autruche,
sont à peine indiquées. Sur le bord antérieur
du sternum se remarquent deux cavités peu
prononcées où s'adaptent des os bifurqués rudimentaires, longs à peine de cinq centimètres ;
mais il n'y a pas de facette articulaire proprement dite ; l'omoplate et les apophyses pté-
rygoïdes manquaient probablement tout à fait
chez cet oiseau.

Un modèle en plâtre du squelette de cette
espèce figure au musée de Vienne ; il se sou-
tient sans support visible ; les jambes sont
traversées par des tiges de fer qui leur donnent
plus de solidité, et le tout se trouve dans la
position d'équilibre que l'oiseau devait affecter
de son vivant pour pouvoir balancer son
énorme corps sur ses gros pieds.

Ce précieux modèle est l'œuvre de M. le docteur Jaeger. Les ossements originaux ont dû
presque tous être restaurés d'une manière plus
ou moins complète, avant qu'on ait pu songer
à les couler en plâtre. Plusieurs parties de la
charpente osseuse, telles que les fémurs, manquaient absolument; de sorte qu'on a été obligé
de les modeler sur les parties correspondantes
d'un individu plus grand, lesquelles existaient
heureusement dans la collection. Le bassin
était très-endommagé; on s'est contenté de le
compléter en suivant les contours d'un bassin
d'une espèce plus petite, mais très-voisine,
que M. d'Hochstetter avait rapporté de l'île
du nord, et qui était dans un état de conservation très-satisfaisant. Le crâne était aussi très-
rudimentaire; mais, par bonheur, on avait
trouvé, dans la même caverne qui avait fourni
ces ossements, un autre crâne parfaitement
conservé, d'un aspect encore très-frais, qui
appartenait à un individu plus développé de la
même variété, comme le prouvait la comparaison de ce crâne avec le rudiment en question.
Ce crâne est le mieux conservé de tous les crânes
d'oiseaux néo-zélandais que l'on ait trouvés
jusqu'à ce jour; on y voit même encore les

osselets et les conques nasales dans un état de
conservation parfaite. La mâchoire seule a dû
être composée avec des fragments. C'est donc
ce crâne qui a servi de modèle pour la restauration de la charpente du palaptéryx.

IV. — L'ÉPIORNIS

L'épiornis ne se rencontre également que
dans les terrains tout à fait superficiels, et
c'est encore un oiseau gigantesque.

C'est à Madagascar qu'on le trouve.

Le 27 janvier 1851, M. I. Geoffroy Saint-
Hilaire annonçait avoir reçu de M. de Malle-
voix, colon de l'île de la Réunion, des ossements et des œufs constatant l'existence d'un
oiseau gigantesque, nouveau pour la science,
ayant vécu à Madagascar.

La capacité de l'un des œufs arrivé au muséum était de huit litres trois quarts, ce qui est
près de six fois celle d'un œuf d'autruche,
cent quarante-huit fois celle d'un œuf de poule,
et cinquante mille fois celle d'un œuf d'oiseau
mouche.

M. I. Geoffroy vit dans ce géant le type d'un

genre nouveau dans le groupe des brévipennes
(autruche, etc.), et lui donna le nom d'é-
piornis, en français *grand oiseau*.

On a trouvé depuis des os plus volumineux
encore que ceux dont il vient d'être question.
L'épiornis a dû avoir de trois à quatre mètres
de haut.

L'existence de ce fossile eût dû attirer
beaucoup plus tôt l'attention des savants. Au
XVIIe siècle, en effet, des Madécasses étant
venus à l'île de France pour acheter du rhum,
apportèrent avec eux des vases qui n'étaient
autre chose que des œufs d'épiornis. Chacun
de ces œufs avait le volume de huit œufs
d'autruche ; ce fait passa inaperçu.

A plus forte raison ne tint-on aucun compte
des récits de Marco-Polo, touchant un oiseau
gigantesque, un aigle prodigieux, le *ruc* ou
roc, qui aurait habité Madagascar. On les con-
sidéra comme une fable. Or, non-seulement
la découverte des œufs et des os d'épiornis a
donné une base solide à cette prétendue fable,
mais si les conjectures de M. Joseph Bianconi
de Bologne sont fondées, Marco-Polo aurait
bien plus raison encore qu'on n'a pu le croire
dans ces derniers temps.

D'après M. Bianconi, en effet, l'épiornis ne
serait point un brévipenne, il appartiendrait
à la famille des vautours ; ce serait un vautour
quatre fois plus grand que le condor. Ce géant
aurait été doué de la faculté de voler. L'anatomiste italien se base sur la conformation de
l'os métatarsien de l'épiornis. « Un intérêt
particulier m'a conduit vers ces recherches,
écrit-il. Marco-Polo, dans ses *Voyages,* dit
que l'oiseau gigantesque de Madagascar était
semblable à un aigle immense. On a rejeté
cette relation comme une méprise ou comme
une fiction ; car on a généralement regardé les
restes de l'épiornis comme appartenant à un
brévipenne. Il semble au contraire très-probable que le voyageur vénitien nous a encore
sur ce point, comme sur les autres, donné
une relation véritable. »

On voit par cela que la reconstitution de
l'épiornis est bien moins avancée que celle du
dinornis ; nous n'avons encore, en effet, du
premier de ces oiseaux que quelques os. Quant
à ses œufs, ils sont assez rares pour qu'en 1852
le muséum de Paris en ait acheté trois au prix
de cinq mille cinq cents francs.

V. — L'ARCHÉOPTÉRYX

L'*archéoptéryx*, trouvé dans les marnes de
Solenhofen en Bavière, marnes qui font partie
des terrains jurassiques et sont d'origine marine, a été ainsi nommé en 1861 par M. Her-
mann de Mayer, qui n'en connaissait alors
qu'une plume. Bientôt après on tira de la carrière qui venait de fournir ce précieux débris,
une pierre contenant une portion considérable
de squelette du même animal, dont les membres antérieurs étaient garnis de longues
plumes rayonnantes, et qui avait une queue
fort longue et également pourvue de plumes.
M. André Wagner, qui crut alors avoir affaire
à une sorte de ptérodactyle emplumé, lui
donna le nom de *gryphosaurus*. Cette pierre
appartient aujourd'hui au musée britannique,
qui l'a acquise au prix de vingt-cinq mille
francs ; c'est elle que représente la figure ci-
jointe.

Le fémur, le tibia, le métatarse, les doigts
présentent bien le caractère ornithologique. Il
en est de même des pièces des membres anté-

rieurs, sauf que deux des doigts de l'aile sont
pourvus d'ongles, tandis que chez les oiseaux
actuels il n'y en a jamais plus d'un qui soit
dans ce cas. Les côtes, plus grêles que chez la

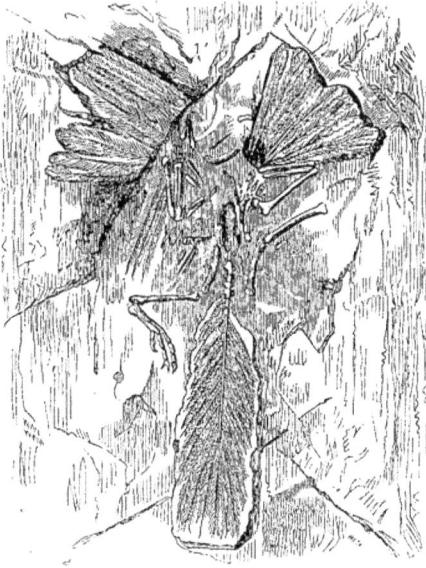

Archéoptéryx

plupart des oiseaux, paraissent ne pas avoir
eu d'apophyse récurrente, ce qui rappelle les
reptiles, et indique une respiration relativement peu active par sa longueur. La queue est
d'un reptile; elle est d'un oiseau par ses plumes.

Peut-être au contraire celles-ci manquaient-
elles au tronc ; du moins ne trouve-t-on aucune trace de leur présence ; ce qui, joint à la
gracilité des côtes, indiquerait un animal dont
la température propre n'aurait pas été beaucoup plus élevée que celle des reptiles.

La même pierre contient une mâchoire
pourvue de dents ; M. Owen pense que cette
mâchoire peut provenir d'un poisson.

LES REPTILES

Après d'immenses travaux sur les reptiles fossiles, M. Owen a écrit :

« Les reptiles fossiles montrent combien est artificielle la distinction entre les reptiles et les poissons ; ils révèlent l'unité des vertébrés à sang froid. »

On aura dans ce qui va suivre de fréquentes occasions de vérifier la justesse de cette pensée.

Nous nous attacherons au groupe des sauriens comme au plus intéressant sous le rapport paléontologique.

Pendant longtemps les plus anciens vestiges de sauriens se rencontraient dans le Zechstein (terrain permien) de l'Allemagne. Il y a vingt-deux ans encore on n'en connaissait pas un qui datât de l'époque houillère, et on croyait qu'aucun animal supérieur aux poissons n'a-

vait vécu à cette époque ; aujourd'hui on connaît dix-huit genres de reptiles qui leur ont
appartenu. Ce n'est pas tout : des ossements
de crocodile ont été trouvés il y a six ou sept
ans au milieu des vieux grès rouges de l'Écosse.
Bien plus, des empreintes de pas laissées par
des reptiles ont été signalées sur les bords des
grands lacs de l'Amérique du Nord, dans des
couches sédimentaires probablement plus anciennes encore que le grès rouge.

En général, les reptiles qui ont précédé la
période permienne se rapprochent, par leur
organisation, des batraciens les plus inférieurs,
et même de certains poissons. Ce sont, suivant
l'expression de M. Gaudry, « des vertébrés
singuliers, à caractères indécis, qui semblent
représenter l'âge embryonnaire des reptiles,
et qui forment transition entre les poissons et
les reptiles proprement dits. » Et M. d'Archiac
cite ce fait comme justifiant « l'idée du développement et du perfectionnement graduel des
êtres dans la série des temps géologiques, soit
que l'on considère l'organisme dans son ensemble, soit que l'on considère une classe
d'animaux vertébrés en particulier ».

I. — LE TÉLÉOSAURE

Le *téléosaure* a été ainsi nommé par Geoffroy Saint-Hilaire. Par la forme générale de sa
tête et par ses mâchoires effilées, il se rapproche des gavials actuels; mais son sternum

Téléosaure restauré.

est semblable à celui des crocodiles. Ses dents
étaient minces, coniques, aiguës, toutes égales
entre elles; sa mâchoire inférieure s'élargissait sur l'extrémité.

Certaines espèces ont jusqu'à dix mètres de
long, dont un à deux pour la tête.

Le *teleosaurus cadomensis*, décrit par

M. Eudes Deslonchamps, portait deux cui-
rasses, une sur le dos, comme nos crocodiles,
une sous le ventre.

II. — LE MÉGALOSAURE

Le *mégalosaure* (μέγας, grand, σαυρός, lézard)
était long de neuf à douze mètres.

Mégalosaure restauré.

Son museau était droit, mince et comprimé
latéralement, comme celui du gavial : mais
ses dents, comprimées, aiguës, arquées en

arrière, à deux tranchants finement dentés,
constituaient, comme on peut en juger par la
figure ci-jointe, un appareil vraiment formidable.

Ainsi organisé, on ne peut douter que,

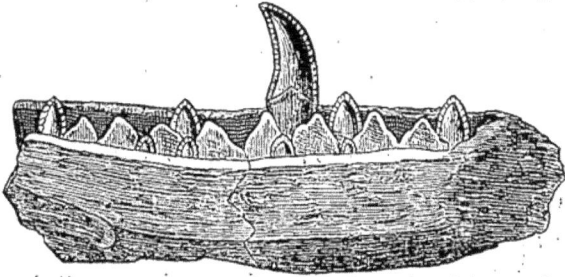

Mâchoire du mégalosaure.

comme le dit Cuvier, le mégalosaure ne fût
d'un naturel extrêmement féroce. « Avec des
dents ainsi construites, dit Buckland, de façon
à couper de toute la longueur de leur bord concave, chaque mouvement des mâchoires produit l'effet combiné d'un couteau ou d'une scie,
en même temps que le sommet opère une première incision comme le ferait la pointe d'un
sabre à double tranchant. La courbure en arrière que prennent les dents, à leur entier
accroissement, rend toute fuite impossible à
la proie une fois saisie, de la même manière

10

que les barbes d'une flèche rendent son retour impraticable. Nous retrouvons donc ici les mêmes arrangements que l'habileté humaine a mis en œuvre dans la fabrication de plusieurs des instruments qu'elle emploie. »

Le mode d'implantation des dents n'est pas moins remarquable que leur forme. Il fait véritablement le passage entre la dentition du crocodile et celle des lacertiens. La mâchoire porte un parapet extérieur comme chez les lézards; mais les dents sont fixées contre ce parapet dans des alvéoles séparés, formés par des cloisons transverses. Ces animaux étaient probablement riverains ; sans doute ils se nourrissaient de reptiles de taille médiocre; et les tortues, beaucoup de sauriens même dont on rencontre les débris auprès de ceux des mégalosaures, ne trouvaient point grâce devant eux.

Ce saurien a été découvert dans les couches oolithiques de Stonesfield. Ses restes consistaient en portion de mâchoires, des os longs, des vertèbres, un coracoïde, etc. L'animal fut décrit par Buckland ; d'après la dimension de ce coracoïde, Cuvier suppose que le *megalosaurus Bucklandi* pouvait avoir eu soixante-

dix pieds, vingt-trois mètres trois cent. de
long ; en quoi il se trompait de moitié.

III. — L'HYLÉOSAURE

Dans les parties chaudes de l'Amérique méridionale vit aujourd'hui un saurien long de

Hyléosaure restauré.

un mètre trente-trois cent. à un mètre soixante-
six ; c'est l'iguane. Tout le long de son dos et
sur une partie de sa queue règne une crête
formée de larges écailles pointues.

La même disposition existait chez l'*hy-*

léosaure (de ὕλη, bois, σαῦρος, lézard). Seulement ces écailles avaient chez lui beaucoup plus de force et de longueur que chez l'iguane ; et l'hyléosaure avait environ huit mètres de long. En outre, de grandes plaques osseuses, logées sous sa peau, lui formaient une cuirasse qui manque à l'iguane.

IV. — L'IGUANODON

L'*iguanodon* était encore un grand saurien ; mais ce monstre était herbivore.

Mantell pensait qu'il avait dû avoir plus de soixante pieds (anglais) de longueur, avec une circonférence de quatorze pieds et demi. Mais Owen pense qu'il ne dépassait pas vingt-sept pieds (anglais) ce qui est encore une fort belle taille.

Les dimensions comparatives des os montrent qu'il était haut sur jambes, les membres postérieurs étant sensiblement plus longs que les antérieurs, et que les pieds étaient courts et robustes. La forme de ces pieds indique un animal terrestre ; l'os de la cuisse avait des dimensions énormes : un mètre cin-

quante cent. de long, trente-huit cent. de circonférence.

Son nom lui a été donné par M. Mantell d'a-
près la forme de ses dents, qui, par leur couronne à bord tranchant et dentelé, rappellent

Iguanodon restauré.

celles de l'iguane. Elles n'étaient point implantées dans des alvéoles distincts, mais fixées
à la face interne de l'os de la mâchoire, et
soudées par un des côtés de leur racine. Une
corne osseuse surmonte le museau.

Ces dents avaient été envoyées à Cuvier par
M. Mantell; quoique leur fût et leur pointe

fussent usés transversalement comme chez les
quadrupèdes herbivores, il pensa avec raison
qu'elles avaient dû appartenir à un saurien.
Ces dents, comme le montre la figure, sont
prismatiques, plus larges à la face externe qu'à

Dent d'iguanodon.

l'interne, et portent trois carènes mousses et
longitudinales.

Un squelette presque entier, découvert quelques années après dans les grès de Tilgate, a
permis de se faire une idée plus exacte de cet
énorme reptile.

V. — LE MOSASAURE ou GRAND ANIMAL DE MAESTRICHT

Intermédiaire entre les sauriens qui n'ont
pas de dents au palais, tels que les monitors
et les sauve-gardes, et ceux qui en ont, tels
que les lézards et les iguanes, il tenait de plus

aux crocodiles par divers caractères. Sa place
a été déterminée par Cuvier; son nom lui a été
donné par Conybeare.

C'était un reptile marin, long de près de
huit mètres. La tête formait à peu près le

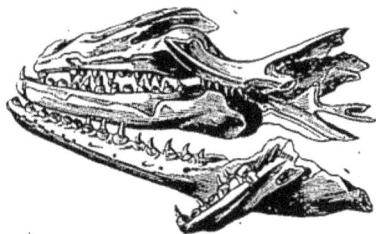

Crâne du mosasaure.

sixième de la longueur totale; la queue avait
trois mètres soixante-six cent. Cette queue était
très-robuste; Cuvier pense qu'elle était cylindrique à sa base, et qu'elle s'élargissait ensuite
dans le sens vertical en même temps qu'elle
s'aplatissait latéralement, de manière à former une rame puissante. Quant aux membres,
le même auteur est d'avis qu'ils ont dû former
des nageoires plus ou moins analogues à celles
des dauphins et des plésiosaures.

Les dents de la mâchoire supérieure, probablement au nombre de quatorze de chaque

côté, sont pyramidales, un peu arquées, planes
en dehors, avec deux arêtes aiguës à la face
interne. Les socles ou noyaux osseux qui les
portent adhèrent dans les alvéoles. Les os ptérygoïdiens portent huit dents plus petites,
mais qui croissaient et se remplaçaient comme
celles des mâchoires. Ces os ptérygoïdiens sont
les expansions ou prolongements qu'on voit,
sur la figure ci-jointe, partir du bord de la
mâchoire.

Toutes les vertèbres, comme celles des crocodiles, des monitors, des iguanes et de la
plupart des sauriens et des ophidiens, ont le
corps concave en avant et convexe en arrière;
la colonne vertébrale se composait, depuis
l'atlas jusqu'à l'extrémité de la queue, de cent
trente-trois vertèbres, nombre plus que double
de celui qu'on observe dans les crocodiles, mais
s'accordant avec celui des monitors, qui est de
cent dix-sept à cent quarante-sept.

L'histoire de la découverte du *mosasaure* est
des plus curieuses. Nul animal n'a excité de
plus vives controverses. Cette découverte fut
faite dans les carrières de la montagne de Maestricht, en Hollande. Parmi les pièces trouvées
était une tête magnifique, longue de deux mè-

tres, qui figure aujourd'hui au muséum d'histoire naturelle de Paris. Un médecin de la
localité, Hoffmann, grand amateur de fossiles
et qui faisait collection de ceux de cette localité fameuse, l'acheta des ouvriers. Elle ne
resta pas longtemps entre ses mains : un chanoine nommé Goddin la réclama comme pro-
priétaire du champ au-dessous duquel elle
avait été trouvée. Il intenta un procès au médecin, le gagna, et emporta son trésor, qui ne
devait pas non plus lui profiter.

En 1793, en effet, l'armée du Nord, com-
mandée par Kléber, mettait le siége devant
Maestricht. Or dans notre état-major se trouvait, avec le titre de *commissaire pour les*
sciences, un naturaliste, Faujas de Saint-Fond,
qui fut professeur de géologie au muséum.
Faujas ambitionnait de posséder cette tête
déjà fameuse, et, sur sa demande, quand la
ville fut bombardée, le général donna ordre
d'épargner l'habitation du chanoine. La ville
prise, on courut à la maison respectée ; le
fossile objet de tant de convoitise en avait été
enlevé. On dit qu'alors le représentant du
peuple qui accompagnait l'armée promit six
cents bouteilles d'excellent vin à qui ferait

10*

retrouver cette pièce précieuse. Douze grena-
diers l'apportèrent le lendemain matin, em-
ballée avec le plus grand soin ; elle fut envoyée
au muséum de Paris, non sans qu'on en eût
remboursé la valeur à son précédent pro-
priétaire.

Aussitôt Faujas de Saint-Fond s'occupa de
décrire le fossile. Il a consigné le résultat de
ses études dans son *Histoire naturelle de la
montagne de Saint-Pierre, près Maestricht;*
mais il n'était pas le premier qui s'en fût
occupé.

Pierre et Adrien Camper et Van Marum
avaient eu à leur disposition des fragments du
même animal, trouvés dans la même localité.
Pierre Camper en 1786, Van Marum en 1790,
les avaient attribués à un cétacé, contraire-
ment à l'idée des premiers possesseurs, qui en
faisaient un crocodile. C'est cette opinion que
Faujas entreprit de faire revivre. Mais, l'année
d'après, Adrien Camper, fils de Pierre, abor-
dant à son tour le même sujet, démontra que
l'animal de Maestricht n'était ni un cétacé ni
un crocodile, mais un nouveau genre de saurien voisin des monitors actuels. Il signala
particulièrement, comme éloignant ce saurien

du crocodile, le poli des os, les trous de la
mâchoire inférieure pour l'issue des nerfs, la
racine solide et pleine des dents, la présence
de dents au palais, ainsi que les différences
présentées par les vertèbres, etc.

Faujas ne voulut pas démordre de son opinion. Cuvier, qui ne l'aimait point, le mal-
traita fort, et souvent « avec une aigreur mal
dissimulée[1] », dans son *Mémoire sur l'animal
de Maestricht,* mémoire qui est une confirma-
tion des vues d'Adrien Camper.

Il commence par reprocher à Faujas de n'a-
voir pas même décrit avec exactitude la roche
qui renferme le fossile de Maestricht, roche
qui, loin d'être un *grès quartzeux à grain fin,
faiblement lié par un gluten calcaire peu dur,*
est, au contraire, un calcaire blanc jaunâtre,
friable, renfermant à peine quelques grains de
sable ; mais, comme M. d'Archiac le remarque,
il se trompa lui-même en attribuant une hauteur de quatre cent quarante-neuf pieds au
moins au massif de la colline, qui n'en a pas
plus de cent cinquante à la hauteur des carrières. Il affecte d'appeler Faujas « cet habile
homme », et il lui arriva de le désigner sous ce

----

[1] D'Archiac.

nom : « M. Faujas *sans* fond ; » mais au moment même où il montrait si peu de charité pour un collègue laborieux, Cuvier lui-même, malgré sa haute habileté, était victime d'une imposture qui n'a été révélée que dans ces dernières années.

On se rappelle le chirurgien Hoffmann, cet amateur de fossiles si cruellement dépossédé par le chanoine Goddin. Cette intéressante victime, non contente de collectionner les fossiles, en fabriquait. Vrais ou faux, il les vendait. Nombre de pièces décrites par les deux Camper et par Cuvier sont de sa fabrique ; c'est ce que M. Schlegel, s'occupant d'un travail sur le mosasaure, a eu l'occasion de reconnaître, et c'est ce qu'il a exposé dans une lettre adressée au prince Charles Bonaparte, qui la communiqua à l'Académie des sciences.

Déjà le sagace Adrien Camper, parlant des osselets des extrémités du mosasaure, avait reconnu que ces pièces avaient été collées par Hoffmann sur un bloc de craie sableuse des carrières de Maestricht. En examinant ce bloc de plus près, M. Schlegel a reconnu non-seulement la justesse de cette observation de

Camper, mais il a constaté que le même artifice avait été employé pour un assez grand
nombre d'autres pièces décrites par Camper
et après lui par Cuvier. Hoffmann ne s'était
pas contenté de creuser des trous dans les
blocs de craie, de les remplir de plâtre, et d'y
fixer les débris qu'il se proposait de vendre; il
avait réuni en une seule diverses pièces osseuses, et changé leur aspect en les enfonçant
en partie dans le plâtre et les superposant les
unes aux autres. Ces fossiles factices, préparés
avec un très-grand soin, avaient acquis une
apparence de vétusté si parfaite, qu'aucun
doute ne s'était élevé dans l'esprit des naturalistes. Il a fallu à M. Schlegel huit jours d'un
travail opiniâtre pour détacher et nettoyer,
sans les altérer, toutes les pièces du *mosasaurus*.

Voici quelques-uns des exemples de la con-
fusion à laquelle a donné lieu la supercherie du
chirurgien de Maestricht :

« Camper et Georges Cuvier lui-même, dit
M. Schlegel dans sa lettre au prince Ch. Bonaparte, avaient pris pour l'os tympanique du
mosasaurus une pièce d'une forme très-bizarre
et nullement semblable chez les autres *sau-*

riens, et Cuvier, en copiant la figure de cet
os donné par Camper, l'avait placée en sens
contraire de son original ; d'où il résulta qu'a-
près avoir été tournée de droite à gauche par
le graveur des planches de Camper, cette
figure fut encore tournée sens dessus dessous
par Cuvier. En examinant ce débris, je m'a-
perçus aussitôt que sa partie principale se
trouvait, d'un côté, à moitié recouverte d'une
lame osseuse très-mince, qui, à son tour,
était terminée par un tubercule d'une grandeur
assez considérable. Une pareille disposition
d'os étant impossible, je dus naturellement
conjecturer que ce tubercule ne se trouvait
pas à sa place. J'essayai par conséquent de
le détacher, et, y ayant réussi, je vis que c'était
tout bonnement une épiphyse collée contre la
lame en question, que cette lame n'était autre
chose que l'os operculaire de la mâchoire inférieure, et que la partie principale de la
pièce se trouvait être l'os coronaire de cette
même mâchoire. »

M. Schlegel est également parvenu à retirer
saine et sauve la grande pièce prise par Cuvier
pour les restes d'un frontal principal et de deux
frontaux antérieurs, « tous, selon Cuvier, fort

mutilés par leurs bords, » et il a pu constater
que cette pièce se trouve partagée, au moyen
d'une suture longitudinale, en deux parties
égales, dont l'une est complète et aucunement
endommagée par les bords.

Les osselets des extrémités, retirés par le
naturaliste allemand de leur couche artificielle
de plâtre, ont donné lieu à des observations
très-curieuses. M. Schlegel a reconnu d'abord
que les pièces prises par Camper et Cuvier
pour des phalanges onguéales ne sont que de
simples phalanges à deux facettes articulaires.
Cette erreur provient de ce que Hoffmann
avait donné à ces osselets une apparence de
forme conique, en enfonçant un des bouts, et
le cachant en partie sous la pâte gypseuse qui
servit à fixer cette pièce dans un bloc commun
de grès.

« En conséquence, dit M. Schlegel, l'osselet figuré par Cuvier (*Ossements fossiles*,
vol. II, pl. xx, fig. 21) ne diffère en rien de
celui représenté sur la même planche, fig. 6,
et les phalanges onguéales de cet être sont
encore à découvrir.

« J'ai encore pu, ajoute M. Schlegel, obte-
nir des éclaircissements sur les os du carpe.

Ceux représentés par Cuvier, fig. 5 et 22, et
pris par lui, le premier comme appartenant
au *mosasaurus*, le second à la *chélonée* de
Hoffmann, ne proviennent pas seulement de
la même espèce, mais probablement d'un
même individu du *mosasaurus*, attendu que
leurs facettes glénoïdales s'adaptent parfaitement l'une contre l'autre ; j'ai de même acquis
la certitude que tous les osselets des mains et
des pieds figurés par Camper et Cuvier sur les
planches précitées proviennent du *mosasaurus*, et non pas de la *tortue marine*, attendu
que j'en ai retiré d'absolument semblables de
plusieurs blocs intacts qui ne renfermaient que
des débris de ce grand saurien, et que les
osselets des extrémités de la grande *tortue marine* offrent une forme tout à fait différente. »

VI. — LE RHYNCHOSAURUS

Celui-ci était petit ; mais il n'était pas moins
curieux pour cela.

Son crâne pris dans son ensemble rappelle
bien plutôt celui des oiseaux ou des tortues
que celui du lézard.

En effet, les os intermaxillaires, qui sont

très-longs, se recourbent en bas, de sorte que, vue de profil, la partie antérieure du crâne tient du perroquet.

Point de dents apparentes à la mâchoire supérieure, mais seulement de faibles dentelures.

M. Owen pense que ce reptile a pu avoir les mâchoires renfermées dans un tuyau osseux. Son nom signifie *lézard à bec.*

VII. — L'ICHTHYOSAURE

L'*ichthyosaure* (ἰχθύς, poisson, et σαῦρος, lézard) a été ainsi nommé par Everard Home pour exprimer les rapports de ce reptile avec les deux sortes d'animaux dont il porte le nom. Mais ces rapports sont beaucoup plus multiples que son nom ne le ferait supposer.

Il avait le crâne d'un lézard, le museau effilé d'un dauphin, et M. Bayle pense même que comme celui-ci il était pourvu d'évents); les dents coniques et pointues du crocodile, des yeux dont la sclérotique était renforcée d'un cadre de pièces osseuses : ce qui ne se rencontre que chez les oiseaux, les tortues et les lézards; des vertèbres de poisson et de cétacé, plates et biconcaves sur leurs deux

faces; un sternum et des os d'épaules semblables à ceux des lézards et des ornithorhyn-
ques; des nageoires analogues à celles des
cétacés, d'une seule pièce, à peu près sans in-
flexions, mais au nombre de quatre.

M. Pouchet écrit qu'il devait par son aspect

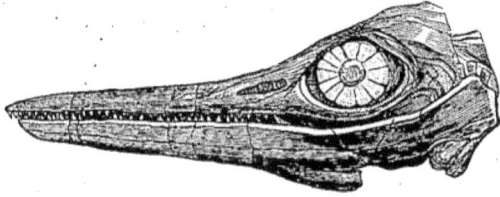

Tête d'ichthyosaure.

rappeler les marsouins, et selon lui cet animal
forme une classe à part entre les reptiles et
les amphibiens.

Les ichthyosaures étaient, comme les cétacés, des animaux essentiellement marins,
carnassiers comme la plupart de ceux-ci, à
respiration aérienne comme eux, doués comme
eux de la faculté de rester longtemps sous
l'eau, pouvant comme eux se transporter avec
rapidité d'un endroit à un autre dans la profondeur des mers. Comme les membres des
cétacés, leurs membres n'étaient propres qu'à

la natation. « L'ichthyosaure ne pouvait probablement pas, dit Cuvier, ramper sur le rivage autant que les phoques, et il devait y rester immobile comme les baleines et les dauphins s'il venait à y échouer. » Les dimensions sont encore un trait de ressemblance avec les

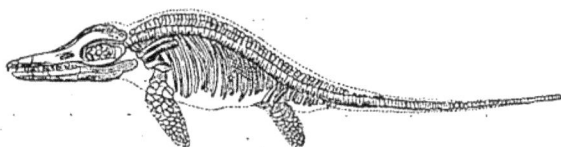

Squelette d'ichthyosaure.

cétacés ; il en est qui atteignent jusqu'à dix mètres de long. M. Bayle appelle l'ichthyosaure *cétacé des mers primitives, baleine des sauriens*. Et, en effet, il a rempli dans les mers de la période jurassique le même office que les cétacés devaient remplir plus tard.

Les ichthyosaures abondent dans les formations oolithiques de la série secondaire. On les trouve en immense quantité dans le lias de Lyme-Regis.

Le crâne était volumineux, le cou court et gros ; le nombre des vertèbres s'élevait, dans certaines espèces, à plus de cent. Leur forme,

leur disposition, leur flexibilité, se prêtaient
à des mouvements d'une grande rapidité.

Les côtes qui s'étendent dans toute la longueur de la colonne vertébrale semblent indiquer par cela même que le poumon, étant
très-vaste, pouvait admettre une très-grande
quantité d'air, ce qui permettait à l'ichthyosaure de rester longtemps sous l'eau.

Ses quatre membres étaient de véritables
nageoires, les antérieures de moitié plus
grandes que les autres; les os des membres
sont beaucoup plus nombreux et plus serrés
que ceux des cétacés. Ceux des nageoires antérieures, disposés en six rangées, dépassent
parfois le nombre cent. Les os du bras ont peu
de longueur; et ceux de l'avant-bras sont si
réduits, qu'ils se distinguent à peine des phalanges. Toutes ces conditions réunies faisaient
des extrémités de l'ichthyosaure des rames
d'une puissance incomparable. La rapidité du
mouvement était de plus aidée par une queue
de grosseur médiocre, mais composée de
quatre-vingts à quatre-vingt-cinq vertèbres
et munies de fortes nageoires, placées (ceci
est remarquable) non point horizontalement
comme celles des cétacés, qu'à ce seul carac-

tère on distinguerait des poissons ; mais verticalement, comme chez ces derniers. On remarque dans les squelettes d'ichthyosaure que
les vertèbres caudales sont brusquement cour-
bées, ou plutôt disloquées vers le tiers environ
de la queue, et toujours dans le même sens.
M. Owen en a conjecturé que cette brisure
était produite par le poids de la nageoire large
et charnue.

Leurs yeux étaient d'une dimension prodigieuse. Sur un crâne étudié par Buckland, la
cavité orbitaire a quatorze pouces anglais
(trente-huit centimètres) de diamètre. Mais
nous pouvons apprécier plus directement le
volume exceptionnel de l'organe de la vue ; la
sclérotique était renforcée par un cercle de
pièces osseuses qui sont admirablement conservées dans certains crânes ; ce cercle permet
de mesurer la grosseur de l'œil aussi exactement que si on possédait l'œil lui-même. Or
dans certaines espèces il avait la grosseur
d'une tête d'homme.

Ce développement extraordinaire ne permet
pas de douter que l'organe de la vue ne fût
doué d'une grande perfection. Quant au cercle
corné dont il vient d'être question, et qui en-

tourait l'ouverture de la pupille servant à porter la cornée transparente en avant ou en arrière, et par conséquent à faire varier sa courbure au gré de l'animal, c'était évidemment un moyen d'adapter la vue aux distances ; il permettait donc à l'ichthyosaure de voir également bien de très-loin ou de très-près. Il lui permettait aussi de poursuivre sa proie pendant l'obscurité des nuits et dans la profondeur des mers. En outre, il protégeait l'énorme globe oculaire tantôt contre le choc des vagues, tantôt contre la pression des eaux profondes.

L'ichthyosaure n'était pas moins bien organisé pour saisir. Les mâchoires, dans certaines espèces, avaient deux mètres de long ; elles étaient armées de dents nombreuses ; on en a compté jusqu'à cent vingt. La forme de ces dents fait supposer qu'ils engloutissaient leur proie sans la mâcher, comme font les crocodiles. Leur estomac formait une poche d'un volume prodigieux ; la preuve en est dans la dimension des poissons qu'on a trouvés au milieu des squelettes de plusieurs ichthyosaures, et qui sont évidemment les restes de leurs derniers repas. Ces débris nous ont appris

que les ichthyosaures se dévoraient les uns les
autres. A l'inverse de l'estomac, les intestins
occupaient peu de place, bien qu'ils offrissent
une grande surface absorbante, étant disposés
en spirale comme le sont ceux des requins et
des raies.

Ce n'est pas que ces organes nous aient été
conservés; mais d'une façon indirecte nous
avons appris ce qu'ils étaient aussi positive-
ment que si nous les avions examinés eux-
mêmes. Nous n'avons pas l'intestin, mais nous
avons le moule de son intérieur.

Sur plusieurs kilomètres de longueur, dans
le lias d'Angleterre, on trouve en abondance
des espèces de cailloux oblongs, longs le plus
ordinairement de deux à quatre pouces sur un
à deux de diamètre; rarement on en trouve de
beaucoup plus grands. Ils sont aussi abondants
que des pommes de terre dans un champ.

Ces prétendus cailloux sont des excréments
pétrifiés d'ichthyosaure; on en rencontre fréquemment dans la cavité abdominale de ces
animaux. Ils ont reçu le nom de *coprolithes*.
Or ces coprolithes, par leur composition,
nous enseignent la nature des aliments dont
les ichthyosaures faisaient usage, comme par

leur forme ils nous révèlent la disposition de l'intestin de ces animaux.

« La coupe de ces excréments fait voir, dit Buckland, qu'ils ont été moulés en une lame aplatie et contournés en spirale du centre à la

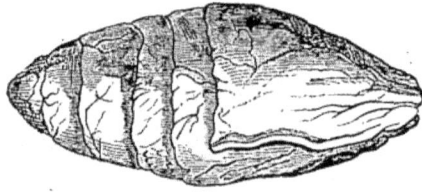

Coprolithe.

circonférence, comme on l'observe dans une coquille turbinée. Leur extérieur offre la trace des rides et des impressions les plus légères qu'ils ont dû recevoir alors qu'ils étaient à l'état plastique dans les intestins d'animaux vivants. »

Ces pétrifications contiennent en abondance, et dispersés irrégulièrement dans leur intérieur, des écailles, des dents et des os. Les écailles dures et brillantes sont celles des poissons qui pullulent eux-mêmes dans le lias. Les os sont surtout des vertèbres de poissons et de jeunes ichthyosaures.

C'est dans les œuvres de Scheuchzer qu'on trouve la première mention de l'ichthyosaure. Un jour qu'il se promenait près du gibet d'Altorf, un de ses amis, qui avait pénétré dans l'enceinte, lui jeta par-dessus les murs un bloc de pierre qui contenait plusieurs vertèbres de l'un de ces animaux. Scheuchzer regarda ces os comme ayant appartenu à l'espèce humaine, et les fit graver dans son *Piscium Querelæ*. Plusieurs savants adoptèrent son opinion.

Les premières notions vraiment scientifiques sont dues à Everard Home, qui en 1814 publia quelques observations sur une tête bien conservée et des os trouvés dans le lias de Lyme-Regis (Dorset). La position des narines, les pièces osseuses qui entourent la sclérotique, et la forme des vertèbres bi-concaves qu'avait déjà figurées Lhwyd sous le nom d'*ichthyopondylus,* lui semblèrent devoir faire rapporter ces débris à des poissons. Konig, conservateur du musée de minéralogie, proposa pour eux le nom d'*ichthyosaurus*.

En 1816 et 1818 de nouvelles pièces, provenant de la même localité, firent abandonner ce premier rapprochement, et, en 1819, un squelette entier, trouvé par de la Bêche et

Birch, permit de constater que l'animal était pourvu de quatre membres. Les narines, dont on croyait avoir déterminé la place dans les premiers échantillons, s'étant trouvées complétement obstruées et méconnaissables dans celui-ci, on crut s'être trompé, et Everard Home, par suite de certaines ressemblances avec celles des protées et des sirènes, imagina le nom de *proteosaurus,* qu'il substitua au précédent.

En 1821, de la Bêche et Conybeare, ayant repris l'examen de ce reptile, montrèrent que l'anneau de pièces osseuses de la sclérotique était un caractère de lézards, et non de poissons; ils rétablirent, deux ans après, la véritable position des narines; enfin ils firent voir les rapports et les différences de la tête avec celles des lézards. Les caractères des dents leur servirent à distinguer quatre espèces d'ichthyosaures : l'*I. communis,* la plus grande de toutes, dont les dents sont à couronne conique, peu aiguës, légèrement arquées et profondément striées; l'*I. platyodon,* dont les dents sont à couronne comprimée, avec des arêtes tranchantes; l'*I. tenuirostris,* à dents grêles et à museau long et mince, et l'*I. inter-*

medius, à dents plus aiguës et moins profondément striées que celles de l'*I. communis*.

VIII. — LE PLÉSIOSAURE

Le *plésiosaure* (de πλησίος, voisin, σαῦρος, lézard).

Il avait une tête assez analogue à celle du lézard, des dents de crocodile, un cou de cygne, moins les plumes bien entendu, le tronc et la queue des quadrupèdes, des côtes de caméléon et des nageoires de baleine.

« Le *plesiosaurus*, découvert par M. Conybeare, devait, dit Cuvier, paraître encore plus monstrueux que l'*ichthyosaurus*. Il en avait aussi les membres, mais déjà un peu plus allongés et plus flexibles; son épaule, son bassin, étaient plus robustes; ses vertèbres prenaient déjà davantage les formes et les articulations de celles des lézards; mais ce qui le distinguait de tous les quadrupèdes ovipares et vivipares, c'était un cou grêle, aussi long que son corps, composé de trente et quelques vertèbres, nombre supérieur à celui du cou de tous les autres animaux, s'élevant sur le tronc comme pourrait faire un corps de serpent, et se ter-

.minant par une très-petite tête dans laquelle
s'observent tous les caractères essentiels de
celles des lézards.

« Si quelque chose pouvait justifier ces

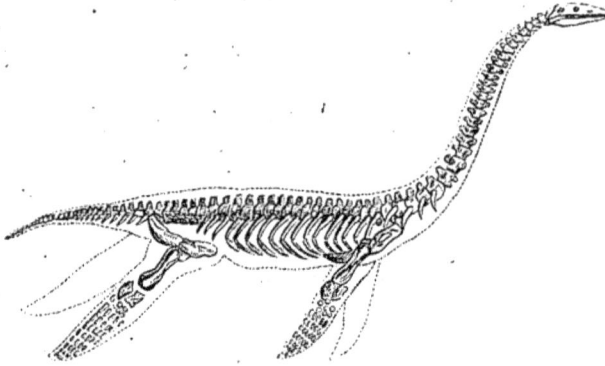

Squelette de plésiosaure.

hydres et ces autres monstres dont les monuments du moyen âge ont si souvent répété
les figures, ce serait incontestablement ce
plesiosaurus. »

Cuvier dit ailleurs que le plésiosaure offre
« l'ensemble des caractères les plus monstrueux que l'on ait rencontrés parmi les races
de l'ancien monde ».

C'était un contemporain de l'ichthyosaure,
carnassier comme celui-ci; on les trouve l'un

et l'autre dans le lias de Lyme-Regis. Le plésiosaure dépassait neuf mètres.

« C'était un animal aquatique, dit Conybeare; l'état de ses pattes le prouve jusqu'à
l'évidence. Il était marin; les restes auxquels
on le trouve constamment associé ne sont à
cet égard guère moins concluants. La ressemblance de ses extrémités avec celles des
tortues conduit à penser que, comme ces
dernières, il venait de temps à autre sur le
rivage; mais ses mouvements sur la terre
ferme ne pouvaient qu'être dépourvus d'agilité, et la longueur de son cou était un ob-
stacle à la rapidité de sa progression à travers
les eaux, ce qui contraste d'une manière frappante avec l'ichthyosaure, si admirablement
organisé pour fendre les vagues. Et comme
à ces diverses circonstances il vient se joindre,
en vertu du mode de respiration de l'animal,
un besoin de communications fréquentes avec
l'atmosphère, ne sommes-nous pas autorisés
à prononcer qu'il nageait à la surface même
des eaux, ou s'en éloignait peu, recourbant
en arrière son cou long et flexible, à la manière du cygne, et le dardant de temps à
autre pour saisir les poissons qui s'appro-

chaient de lui? Peut-être aussi se tenait-il
près du rivage, dans des eaux peu profondes,
caché au milieu des végétaux marins, et portant à l'aide de son long cou ses narines

Plésiosaure restauré.

jusqu'à la surface des eaux ; c'eût été là pour
lui une retraite assurée contre les attaques
de ses plus dangereux ennemis. D'un autre
côté, cette longueur et cette flexibilité du cou,
par la promptitude et la soudaineté d'attaque
qu'elles lui permettaient de déployer contre
tout ce qui passait à sa portée, compensaient

la faiblesse de ses mâchoires et l'impossibilité
d'une progression rapide au sein des eaux. »

Son caractère le plus extraordinaire réside
dans l'extrême longueur de son cou, qui égalait presque tout le reste du corps. Le tronc
était arrondi comme dans les grandes tortues marines, ce qui a fait dire que le plésiosaure pouvait être comparé à un serpent
caché à demi dans la carapace d'une tortue;
mais, du reste, jusqu'à présent on n'a trouvé
aucune trace de carapace ni même d'écailles.
Les extrémités courtes; formées d'os nombreux, se composaient, comme chez les baleines, de cinq séries de phalanges allongées
représentant les cinq doigts. La queue, proportionnellement très–courte, ne rappelle
point celle des reptiles; elle devait faire office de gouvernail. Les vertèbres étaient au
nombre de quatre–vingt–dix, dont trente-
cinq cervicales, vingt-sept dorsales, vingt–six
caudales et deux sacrées; leur corps est à
peine concave. Les côtes étaient formées de
deux parties, l'une vertébrale, et l'autre ventrale; celles d'un côté étaient réunies à celles
de l'autre côté par un os intermédiaire,
structure analogue, comme le remarque Cu-

vier, à celle des caméléons et aussi de quelques iguanes. Cuvier en conclut que les
poumons devaient avoir un volume considérable, et que peut-être si la peau du plésiosaure n'était pas écailleuse, sa coloration
était soumise à des changements en rapport
avec l'intensité variable de la respiration.
« Nous n'avons, dit Buckland, aucun moyen
de vérifier cette conjecture ingénieuse, qui
fait du plésiosaure une sorte de caméléon
marin; mais nous devons convenir que la
faculté de faire varier la couleur de ses tégu-
ments lui eût été du plus grand avantage en
lui fournissant les moyens de se soustraire
plus complétement à la vue de l'ichthyosaure,
son ennemi le plus formidable. Contre cet
adversaire, tout combat à armes égales lui
était impossible, à cause de la petitesse de sa
tête et de la longueur de son cou; et la faiblesse de ses moyens de locomotion le mettait également dans l'impossibilité de fuir.

Le plésiosaure fut signalé en 1821 par Conybeare et de la Bêche, dans un mémoire
inséré parmi les *Transactions philosophiques*.
Trois ans après on en découvrit un squelette
entier à Lyme-Regis. Conybeare le nomma

plesiosaurus dolichodeirus. Il en existe un individu long de onze pieds (anglais) dans le musée britannique.

On en connaît plusieurs espèces réparties dans les divers terrains secondaires [1].

IX. — LE PTÉRODACTYLE

De πτερόν, aile, et δάκτυλος, doigt. Ainsi nommé par Cuvier parce qu'à chacune des extrémités antérieures un doigt excessivement allongé portait une membrane propre à soutenir l'animal dans l'air.

C'était une sorte de lézard volant.

Par la longueur de son cou et la forme de sa tête il ressemblait aux oiseaux ;

Par son tronc et par sa queue, aux mammifères ordinaires ;

Par ses dents nombreuses et pointues, aux reptiles ;

Par ses ailes, aux chauves-souris.

« L'un de ces animaux étranges et dont l'aspect serait effrayant si on les voyait au-

---

1 *Pliosaurus.* — Owen le signale comme intermédiaire entre l'ichthyosaure et le plésiosaure. Il appartient à l'étage oxfordien et kimmeridgien.

11*

jourd'hui, pouvait être de la taille d'une
grive; l'autre, de celle d'une chauve-souris
commune; mais il paraît par quelques fragments qu'il en existait des espèces plus
grandes; et M. Buckland vient tout récemment d'en découvrir de nouvelles. »

Le nombre des espèces s'est, en effet, fort
augmenté depuis Cuvier, et on en a découvert dont la taille était celle d'un cormoran [1].

C'est dans le terrain jurassique qu'on les
trouve. Le lias de Lyme-Regis les montre
pêle-mêle avec les ichthyosaures et les plésiosaures [2].

Ce qui frappe surtout dans ce singulier
animal, dit encore Cuvier, c'est l'assemblage
bizarre d'ailes vigoureuses attachées au corps
d'un reptile; l'imagination des poëtes en a

[1] Il en aurait existé un de six mètres d'envergure, s'il
est vrai que les restes de l'animal décrit par Owen sous le
nom de *cimoliornis* n'avaient point appartenu à un oiseau,
comme Owen, Cuvier et M. Mantell l'ont pensé, mais à un
ptérodactyle, comme le prétend M. Bowerbank. Ces restes
se trouvent dans le terrain crétacé inférieur.

[2] Les journaux ont raconté, il y a quelques années, que
dans un de nos départements de l'Est, une roche ayant été
brisée par le marteau des ouvriers, on vit s'échapper d'une
cavité de cette roche un ptérodactyle vivant. Inutile de dire
que ce saurien fossile n'était qu'un canard.

seule fait jusqu'ici de semblables. De là la
description de ces dragons que la Fable nous
représente comme ayant, à l'origine des
choses, disputé la possession de la terre à

Ptérodactyle restauré.

l'espèce humaine, et dont la destruction était
un des attributs des héros fabuleux, des
demi-dieux et des dieux.

« Aujourd'hui un seul reptile est pourvu
d'ailes, c'est le lézard dragon de l'île de Java;
mais ces dragons modernes, de très-petite
taille, ne sauraient être comparés au *ptéro-*

dactyle de l'ancien monde : leurs ailes, .trop faibles pour frapper l'air et les faire voler à la manière des oiseaux, ne servent qu'à les soutenir comme un parachute lorsqu'ils sautent de branche en branche. Le ptérodactyle volait à l'aide d'ailes soutenues principalement par un doigt très-allongé, tandis que les autres doigts avaient conservé leurs dimensions ordinaires; de là le nom de ce bizarre animal. » -

Bory de Saint-Vincent dit à ce sujet : « La figure du ptérodactyle semble représenter assez exactement celle que l'antiquité donnait à ces dragons redoutables, que nous regardons maintenant comme fabuleux, et qui peuvent néanmoins avoir existé vers l'époque de cette création antérieure à celle dont nous faisons partie, et dont il reste tant de débris extraordinaires. Il se pourrait que des dragons de ce genre, des ptérodactyles encore plus grands que ceux qu'on a récemment découverts, eussent persévéré jusqu'au temps où les hommes apparurent sur la terre, jusqu'à l'époque même où l'on commençait à représenter sur le bois et sur la pierre les objets les plus frappants de la nature d'alors.

Quand les modèles eurent disparu, quand le
souvenir ne s'en conserva plus que dans les
hiéroglyphes de peuplades qui ne savaient pas
encore écrire, quoique sachant déjà sculpter,
ce souvenir devint mythologique. On ajouta
à l'image du dragon perdu des traits bizarres,
capables de le rendre méconnaissable, si l'on
en retrouvait jamais des restes; on fut même
jusqu'à en amalgamer l'idée avec celle des
volcans destructeurs, en remplissant leurs
gueules de flammes. Ici l'histoire des dragons ou des ptérodactyles exagérés cesse
d'appartenir à l'histoire de la nature, pour
tomber dans celle de la Fable et des théogo-
nies. »

Les doigts des membres antérieurs ont les
dimensions ordinaires. Ils sont terminés par
des ongles crochus. Cuvier conjecture que
l'animal s'en servait pour se suspendre aux
branches des arbres. « A l'état de repos il
devait se tenir sur les membres de derrière
comme les oiseaux; alors il devait aussi,
comme eux, tenir son cou redressé et courbé
en arrière, pour que son énorme tête ne
rompît pas tout équilibre. » Buckland dit
également : « Le volume et la forme des

pieds, de la jambe et de la cuisse prouvent que ces animaux pouvaient se tenir debout avec fermeté, les ailes pliées, et posséder ainsi une progression analogue à celle des oiseaux; comme eux aussi, ils ont pu se percher sur les arbres en même temps qu'ils avaient la faculté de grimper le long des rochers et des falaises en s'aidant des pieds et des mains, comme le font aujourd'hui les chauves-souris et les lézards. »

Ils étaient sans doute insectivores et peut-être nocturnes. On trouve avec eux, dans les carrières de Solenhofen, de grandes libellules fossiles, et des écailles de coléoptères les accompagnent dans le calcaire oolithique de Stonesfield, près d'Oxford.

Carus pense que leur peau était couverte non d'écailles, mais d'expansions cornées très-minces ou de poils assez serrés.

Leur organisation mixte explique amplement la diversité des opinions émises sur leur compte.

Collini, directeur du cabinet de Manheim, est le premier qui s'en soit occupé. Il les décrivit et les figura à sa façon en 1783 dans les mémoires de l'Académie palatine; peu versé

dans l'anatomie, il les prit pour des restes de
poissons.

Plus tard, Bermann de Strasbourg les re-

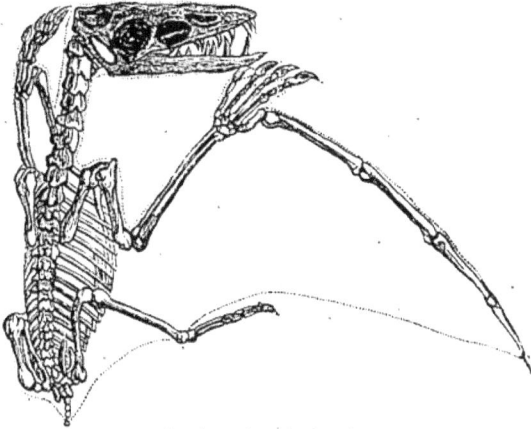

Squelette de ptérodactyle.

garda comme des mammifères, et les repré-
senta comme tels, le corps tout couvert de
poils.

Cuvier s'en préoccupa en 1800, et les classa
parmi les reptiles, opinion qui fut adoptée par
Oken et Buckland.

Blumenbach, au contraire, les considérait
comme des oiseaux nageurs. Bientôt après,
Sœmmering, à son tour, les rangea parmi les
mammifères.

Plus tard, Wagler en fit le type d'une

classe spéciale, celle des *ornithocéphales*,
qui, selon lui, s'éloigne par des caractères
importants de tous les animaux aujourd'hui
vivants; il les plaça entre les mammifères et
les oiseaux. Blainville en fit également une
classe, mais intermédiaire aux oiseaux et aux
reptiles.

M. Pouchet les regarde également comme
formant une classe à part. « Lorsqu'on étudie le squelette des ptérodactyles, on adopte
les vues des naturalistes qui ont institué une
classe particulière pour eux. En effet, ces
animaux, par la petitesse de leur crâne,
s'éloignent trop des mammifères pour être
compris dans le même groupe qu'eux, et la
forme de la tête n'a nul rapport avec celle des
chauves-souris, près desquelles on a essayé
de les placer.

« On ne pourrait pas rapprocher avec plus
de bonheur les ptérodactyles des oiseaux; en
effet, ils diffèrent de ces derniers par les dents
dont leurs maxillaires sont garnis, par leurs
vertèbres cervicales, qui sont moins nombreuses que dans aucun animal de cette classe;
puis par leurs côtes, qui, au lieu d'être larges,
sont grêles et filiformes; ils s'éloignent encore

des oiseaux par la structure de leurs ailes, qui
sont formées d'un seul doigt, et qui, au lieu
de présenter seulement trois articulations après
l'avant-bras comme chez eux, en offrent cinq;
enfin ils se distinguent encore de ces animaux
par leur métatarse, qui est composé de plusieurs os.

« Les singuliers êtres que nous décrivons
sont aussi extrêmement distincts des reptiles
par l'allongement de leur tête, par l'existence
de leurs ailes, ainsi que par les dimensions de
leurs membres postérieurs, qui sont telles,
qu'aucun reptile n'en offre proportionnellement d'aussi allongés. Sœmmering, en com-
battant l'opinion de Cuvier, avait, en outre,
fait observer que l'exiguïté de leur queue était
un grand argument contre l'assertion du célèbre anatomiste, qui considérait les ptérodactyles comme étant analogues aux sauriens. »

X. — LE RAMPHORYNCHUS

Autre saurien ailé. C'est un proche parent
du ptérodactyle. Il s'en distingue surtout par
sa longue queue; celle du ptérodactyle était
rudimentaire. Il avait la taille du corbeau; on

voit sur le terrain oolithique la double empreinte de ses pieds à trois doigts, et de la
queue qu'il traînait derrière lui. M. Hawkins
a essayé d'en reproduire la figure pour le pa-

Ramphorynchus restauré.

lais de Sydenham. Le dessin ci-joint est fait
d'après cette restauration.

XI. — LE CHEIROTHERIUM ou LABYRINTHODON

Dans le grès bigarré, en Allemagne, près
de Hildburghausen, un naturaliste, M. Kaup,
trouva en 1835 les traces des pas d'un quadru-

pède, et à cause de la disposition en forme de
mains de ces empreintes, il donna à l'animal
inconnu de qui elles proviennent le nom de
cheirotherium.

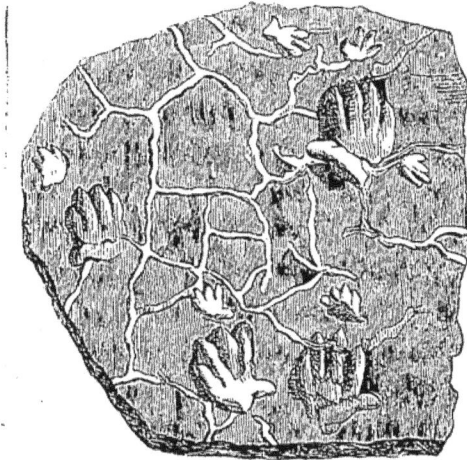

Empreintes de pas de *cheirotherium.*

Des empreintes exactement pareilles ont depuis été découvertes en une multitude de localités, soit dans le grès bigarré, soit dans le
muschelkalk.

M. Daubrée, par exemple, examinant à
Saint-Valberd, dans le département de la
Meurthe, une carrière où l'on exploite le grès
bigarré, en a constaté l'existence à la limite

même de minces couches de grès et d'argile
qui alternent entre elles au-dessous des gros
blocs rouges. De même qu'à Hildburghausen,
la patte a fait d'abord impression dans l'argile,
et le relief que la couche de grès présente sur
la face inférieure n'est que la contre-épreuve
des empreintes directes. A côté des grandes
pattes, il se trouve d'ailleurs une quantité
innombrable de petites pattes, orientées dans
diverses directions, n'offrant que quatre doigts,
et rappelant un peu celles des batraciens.

Une circonstance qui rehausse l'intérêt de
ces vestiges, c'est que le limon sur lequel
marchait l'animal était assez plastique, non-
seulement pour prendre et conserver la forme
exacte des pattes avec leurs ongles, mais aussi
pour saisir les inégalités de la peau avec autant
de délicatesse qu'aurait pu le faire un mou-
leur habile; ces dernières particularités se
trouvent même reproduites dans la contre-
empreinte. Chaque patte antérieure et postérieure offre dans toutes ses parties, sur la
plante comme sur les doigts, une granulation
qui est incontestablement d'origine organique.
En dehors des empreintes de pattes, la surface de la dalle ne présente rien de sem-

Cheirotherium restauré.

blâble. Cette granulation est très-régulière,
sauf sur quelques rebords obliques où le glis-
sement du pied de l'animal a produit un léger
étirement ; ce sont de petites aspérités arron-
dies, dont les plus fortes n'atteignent pas un
millimètre de diamètre.

M. Kaup pensa que ces empreintes avaient
été formées par un mammifère ; mais depuis,
un certain nombre d'os ayant été découverts
(la tête, le bassin, et une partie de l'omoplate), M. Owen a émis l'opinion que le *chei-*
rotherium était, non point un mammifère,
mais un batracien gigantesque.

Des dents coniques très-fortes, d'une structure compliquée, armaient ses mâchoires ;
c'est la structure de ses dents qui lui a valu
le nom de *labyrinthodon*. On suppose que sa
tête était prolongée par un écusson osseux.

XII. — L'ANDRIAS

L'*andrias* n'est qu'une salamandre ; mais
tandis que nos salamandres ont environ un
décimètre de long, l'andrias avait un mètre
cinquante.

On l'a pris pour un homme. « Est-il pos-

sible, disait Pierre Camper, de prendre un
lézard pétrifié pour un homme ? » Cela était
possible, car cela fut fait.

Un médecin suisse, un naturaliste, Jean-
Jacob Scheuchzer, est l'auteur de cette mé-
morable méprise.

Il ne faut pas le juger sur cette erreur ;
c'était, comme le dit M. d'Archiac, un tra-
vailleur infatigable et dévoué à la science, un
homme instruit et qui, sous bien des rapports, fut en avant de son temps.

Toujours est-il qu'en 1725, dans le calcaire
schisteux d'Œningen, non loin de Constance,
un squelette incrusté dans la pierre et merveil-
leusement conservé ayant été trouvé, Scheuchzer vit dans ce squelette les restes de
*l'homme témoin du déluge. Homo diluvii
testis :* c'est le titre de la dissertation publiée
par lui sur ce sujet en 1731. Une figure représentant cet inappréciable fossile accompagnait la brochure.

« Il est certain, dit l'auteur, que ce schiste
contient une moitié, ou peu s'en faut, du
squelette d'un homme ; que la substance
même des os, et, qui plus est, des chairs et des
parties encore plus molles que les chairs, y

sont incorporées dans la pierre : en un mot,
que c'est une des reliques les plus rares que
nous ayons de cette race maudite qui fut ensevelie sous les eaux. La figure nous montre
le contour de l'os frontal, les orbites avec les
ouvertures qui livrent passage aux gros nerfs
de la cinquième paire. On y voit des débris
du cerveau, du sphénoïde, de la racine du
nez, un fragment notable de l'os maxillaire. »

Tous les contemporains du médecin suisse
partagèrent son opinion ; tous, Pierre Camper
excepté. Il alla à Œningen, vit le fossile, et
c'est alors qu'il s'écria : « Est-il possible de
prendre pour un homme un lézard pétrifié ? »

Camper se trompait ; ce n'était pas un lézard, mais une salamandre qu'il avait devant
lui. C'est ce dont Cuvier se convainquit sur la
seule inspection du dessin.

« Prenez, disait-il, un squelette de salamandre, et placez-le à côté du fossile, sans
vous laisser détourner par la différence de
grandeur, comme vous le pouvez aisément en
comparant un dessin de salamandre de grandeur naturel avec le dessin du fossile réduit au
sixième de sa grandeur, et tout s'expliquera
de la manière la plus claire.

12

« Je suis persuadé même que, si l'on pouvait
disposer du fossile et y chercher un peu plus
de détails, on trouverait des preuves encore
plus nombreuses dans les faces articulaires des
vertèbres, dans celles de la mâchoire, dans
les vestiges de très-petites dents, et jusque
dans les parties du labyrinthe de l'oreille. »

A quelque temps de là, Cuvier, étant à Harlem, put faire lui-même ce qu'il avait con-
seillé ; et quand le ciseau eut découvert les os
cachés sous la pierre, on eut sous les yeux,
non point l'*homme antédiluvien*, ni même un
lézard, mais une salamandre, comme Cuvier
l'avait annoncé.

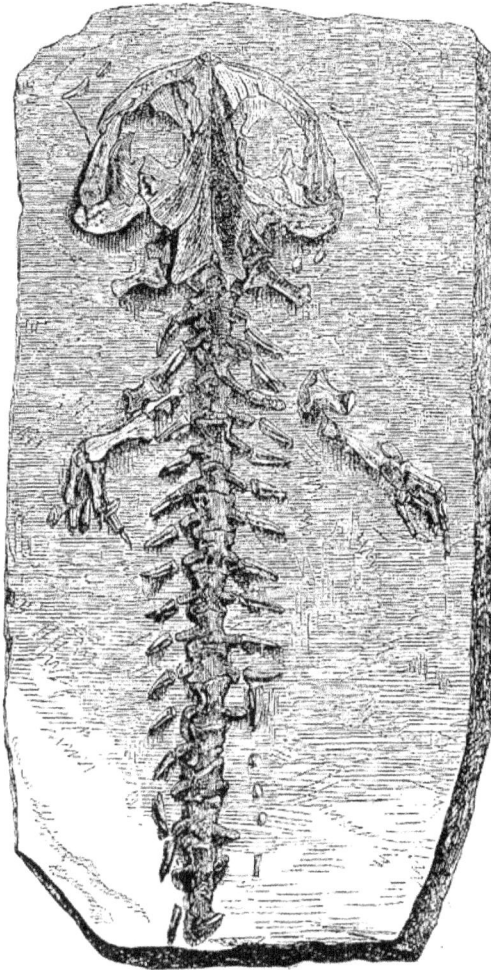

L'andrias ou grande salamandre d'Œningen.

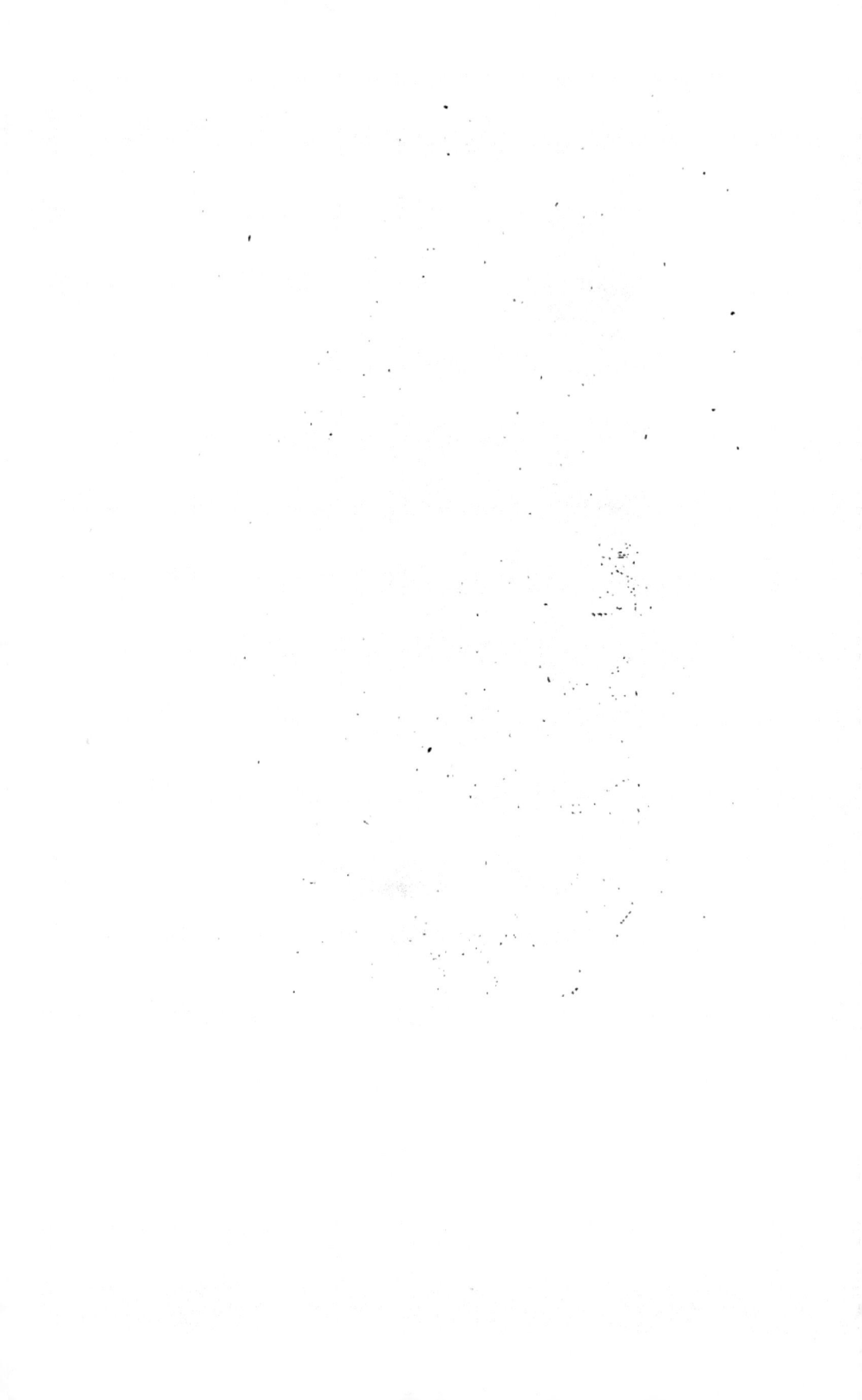

LES POISSONS

Agassiz, qui a décrit près de deux mille espèces de poissons fossiles, évalue à vingt-cinq mille le nombre de celles qui sont enfouies dans les couches du globe.

La nature vivante n'en renferme que huit mille !

Les écailles étant de toutes les parties des poissons celles qu'on trouve le plus fréquemment, c'est sur ces organes qu'Agassiz a basé sa classification. Il divise les poissons fossiles en quatre ordres, caractérisés par la forme des écailles. Ce sont : les *placoïdes*, les *ganoïdes*, les *cycloïdes* et les *cténoïdes*.

Les placoïdes ont la peau tantôt recouverte irrégulièrement de plaques d'émail d'une largeur quelquefois très-grande, et tantôt incrustée de petits corps osseux qui la rendent

dure et âpre au toucher. Leur squelette est
cartilagineux. Cet ordre répond à peu près à
celui des poissons cartilagineux.

Les ganoïdes sont revêtus d'une espèce de
cuirasse ou de carapace. Leurs écailles,
plaques larges et solides, composées d'une
couche osseuse revêtue d'émail et ayant par
conséquent la structure des dents, au lieu de
se recouvrir les unes les autres, sont placées
côte à côte comme des pavés. Leur squelette,
qui le plus souvent est osseux, l'est moins
cependant que dans les *cycloïdes* et les *cténoïdes*. La colonne vertébrale ne s'arrête point
où commence la nageoire caudale; mais elle
se continue au delà de ce point, formant
une queue à laquelle la nageoire est atta-
chée à peu près comme le gouvernail à un
bateau.

Les placoïdes et les ganoïdes sont les plus
anciens de tous les poissons; les premiers ont
traversé tous les étages; ils sont représentés
aujourd'hui par les requins et les raies. Les
seconds, tombés en décadence à la fin de la
période jurassique, n'ont plus que de rares
représentants : le *lépidostère*, le *polyptère*, les
esturgeons, les *coffres*, etc.

En même temps que ces deux ordres renferment les poissons les plus anciens, ils
renferment aussi ceux dont les formes s'éloignent le plus de la nature vivante.

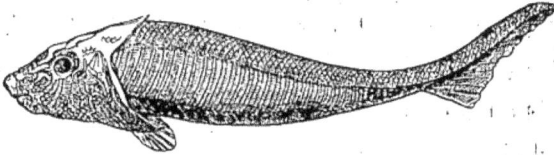

Céphalaspis.

On en jugera par les dessins ci-joints du
ptérichthys et du *céphalaspis*, genre de la
famille des *céphalaspides*, qui font partie de

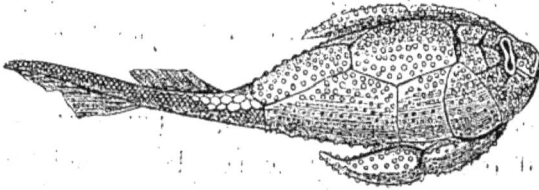

Ptérichthys vu en dessous.

l'ordre des *ganoïdes*. Agassiz dit de cette famille « qu'elle constitue un type aussi nette-
ment prononcé dans la série des poissons que
les ichthyosaures et les plésiosaures parmi les
reptiles ». Peu de fossiles ont donné lieu à

plus d'opinions opposées que n'ont fait les
ptérichtys. On a été jusqu'à les rapporter à
la famille des trilobites (qui sont des crustacés), à la classe des insectes, etc.

Mais si ces poissons des anciens âges diffèrent totalement des poissons actuels, ils
ont avec les embryons de ceux-ci des rapports curieux mis en relief par Agassiz et par
Heckel.

Ainsi, dans les poissons actuels, la queue
est placée symétriquement à l'extrémité de
la colonne vertébrale, ce qu'Agassiz exprime par le mot *homocerque*. Mais, dans
certains de ces poissons, les embryons commencent par avoir une queue non symétrique
ou *hétérocerque*, ce qui est précisément le
cas des anciens ganoïdes.

Ce n'est pas tout, on sait qu'au sortir de
l'œuf tout poisson a le squelette cartilagineux; les premiers poissons étaient cartilagineux.

Dans le jeune poisson, la bouche est placée
transversalement au-dessous d'une tête très-
aplatie; il en était de même des poissons primitifs.

Les états par lesquels passent aujourd'hui

les poissons en cours de développement sont
donc analogues à ceux par lesquels la série
ichthyologique entière a passé dans le cours
des âges géologiques. Aux ganoïdes à carapace osseuse ont succédé les ganoïdes couverts d'écailles ; le squelette s'est ossifié, le
corps s'est allongé, la tête de même; la bouche
a pris la position qu'elle occupe aujourd'hui ;
le prolongement osseux qui divisait inégale-
ment la nageoire caudale a disparu, et cette
nageoire est devenue symétrique, etc. etc.
Heckel arrive aux mêmes résultats qu'Agassiz. Il voit la colonne vertébrale des poissons
se transformer peu à peu jusqu'à la période
actuelle, et il écrit : « Les poissons des temps
géologiques ont parcouru en des milliers
d'années des phases semblables à celles du
développement embryonnaire des poissons
qui vivent actuellement. »

ANIMAUX ARTICULÉS

Toutes les classes d'animaux articulés (insectes, myriapodes, arachnides, crustacés, vers) sont représentés à l'état fossile; mais ils y sont en petit nombre, et cette partie de la paléontologie est une des moins avancées.

Quelques insectes sont admirablement conservés au milieu des blocs d'une résine fossile, le *succin*, qui, encore liquide au moment où elle les a saisis, s'est délicatement moulée sur eux, et, comme le succin est transparent, nous pouvons étudier les insectes qu'il enveloppe presque aussi commodément que des insectes vivants.

On a de même découvert dans une couche de calcaire marneuse de Puy-de-Covent, en Auvergne, l'enveloppe extérieure de larves ou de nymphes de phyganes.

On croit aussi avoir trouvé de la cire fossile.

Les myriapodes sont peu nombreux à l'état
fossile; mais on sait qu'ils le sont également
dans la nature vivante.

Il en est est de même des arachnides, et

Cyclophthalmus.

nous nous bornerons à citer le fameux scor-
pion fossile (*Cyclophthalmus Buklandii*),
trouvé en Bohême dans l'étage carbonifèrien
des terrains de transition.

Parmi les vers on rencontre surtout les
tubes dont s'enveloppent les annélides tubi-
cules, quelquefois les empreintes des espèces
nues, et on en a un exemple dans la *nereites*

combriensis, qui appartient à l'étage silurien des terrains paléozoïques.

Nereites combriensis.

La classe d'animaux articulés la mieux re-présentée est celle des crustacés, et les ani-maux les plus remarquables qu'elle nous pré-sente sont :

LES TRILOBITES

Ils étaient excessivement abondants dans les mers de l'époque silurienne, à tel point que dans certaines localités la roche où on les trouve est presque entièrement formée de leurs restes; ils semblent avoir été alors ré-pandus sur tout le globe, car il est peu de contrées où on n'en ait rencontré.

Comme on le voit par la figure ci-jointe de l'un d'eux, l'*ogygia,* ces crustacés avaient le corps ovalaire, divisé en trois lobes par deux sillons longitudinaux; circonstance que rappelle leur nom. Ils avaient en avant une espèce de bouclier. Leurs pattes étaient probablement nombreuses et sans doute char-

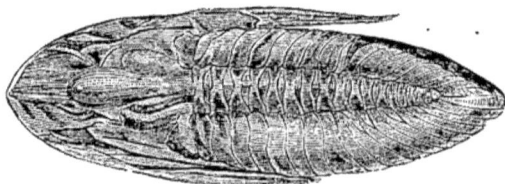

Ogygia.

nues, ce qui fait qu'elles ne se sont pas conservées. Quelques-uns pouvaient se rouler en boule, comme font les armadilles.

C'étaient des animaux marins, vivant en familles nombreuses loin des côtes, probablement, ou dans les bas fonds, où ils nageaient sur le dos sans s'arrêter jamais, leurs pieds ne pouvant servir à les fixer, et le mouvement étant nécessaire à leur respiration.

Il y en a des échantillons si bien conservés, qu'on a pu y étudier la structure délicate des yeux, et on a reconnu que ces or-

ganes étaient faits sur le même modèle que
ceux des crustacés qui vivent dans les mers
actuelles ; c'étaient comme chez ceux-ci des
yeux à facettes. Buckland a tiré de ce fait
des conséquences qui méritent d'être reproduites.

.« Les conséquences auxquelles ces faits
nous conduisent n'intéressent pas seulement
la physiologie animale, écrit-il ; elles nous
instruisent aussi sur la condition des mers
et de l'atmosphère des temps anciens, et sur
les rapports de la lumière avec l'un ou l'autre
de ces deux milieux, à cette époque reculée
où les animaux même les plus anciens étaient
pourvus d'organes de vision, dont les arrangements optiques les plus minutieux étaient
les mêmes qui servent encore maintenant à
transmettre la sensation de la lumière aux
crustacés du fond de nos mers actuelles.

« Relativement à la nature des eaux où vivaient les trilobites pendant la période de
transition tout entière, nous arrivons à cette
conclusion, que ce n'était pas ce liquide ima-
ginaire, trouble, formé d'un chaos d'éléments
en désordre, dont la précipitation, au dire
de certains géologues, aurait produit les

matériaux constituant l'écorce du globe. Car
le liquide au fond duquel les yeux de ces
animaux remplissaient leurs fonctions, quel
qu'il fût, devait être assez pur et assez transparent pour livrer passage à la lumière jusqu'à ces organes visuels que nous retrouvons
aujourd'hui dans un état si parfait, et dont
la nature nous est si bien connue.

« Nous pouvons arriver à des conclusions
analogues relativement à la lumière elle-
même ; car cette ressemblance entre l'organisation des yeux, aux âges primitifs et à
l'époque actuelle, nous est une preuve que les
relations mutuelles de ces organes et des
rayons qui leur transmettaient l'impression
des objets extérieurs, étaient au fond des mers
primitives ce qu'elles sont au fond des mers
actuelles. »

Nous terminerons ce chapitre en mettant
sous les yeux du lecteur l'image de deux animaux remarquables par leur forme. Ce sont

encore des crustacés, mais non des trilobites.
L'un est le *pterygotus,* trouvé dans le terrain silurien ; l'autre l'*eurypterus.* L'un et

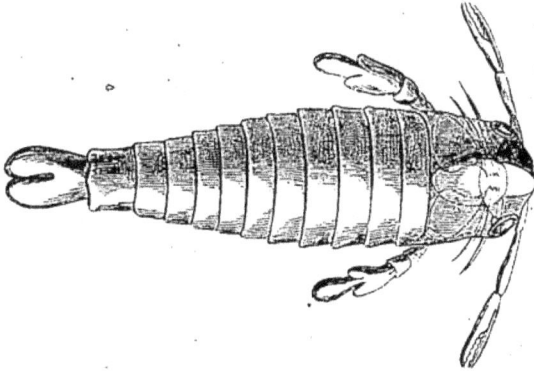

Pterygotus.

l'autre vivaient probablement dans les eaux
douces.

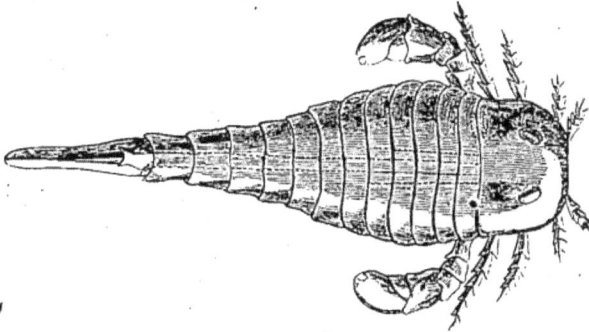

Eurypterus.

LES MOLLUSQUES

A l'inverse des animaux articulés, les mollusques ont en paléontologie une importance considérable. Ils comptent à eux seuls trois fois autant de fossiles que tout le reste du règne animal. Leurs coquilles forment des terrains entiers. Tantôt ces coquilles se sont déposées lentement au fond des mers tranquilles, et on les trouve admirablement conservées avec toutes leurs stries, leurs arêtes et leurs couleurs même ; d'autres fois elles ont été broyées et réduites en poussière par une mer violemment agitée. Il est des localités où se rencontrent toutes les transitions possibles entre ces deux états.

Les mollusques fossiles les plus remarquables appartiennent à la classe des céphalopodes ; ce sont les *belemnites* et les *ammonites*.

On sait que cette classe se divise en deux
ordres :

L'un comprend des animaux à huit ou dix
bras armés de ventouses ou de crochets; ce
sont les *céphalopodes acétabulifères :* tels sont
les *poulpes*, les *argonautes*, les *seiches*, les
calmars, etc. ; les *belemnites* appartiennent à
ce groupe.

L'autre ordre comprend des animaux à bras
tentaculaires nombreux, courts, sans ventouses ni crochets ; ce sont les céphalopodes
tentaculifères : tel est le *nautile;* les *ammonites* appartiennent à ce groupe.

I. — LES BELEMNITES

Les belemnites sont donc des céphalopodes
acétabulifères. Leur coquille, qui est tout ce
qui nous en reste, était, comme l'*os* de la
seiche, une coquille intérieure.

Cet osselet, qu'à première vue on pourrait
prendre pour une baguette pétrifiée, a fixé de
tout temps l'attention des naturalistes; il n'est
pas de productions sur l'origine de laquelle on
ait discuté davantage. *Spectrorum candela, di-
giti diaboli,* sont quelques-uns des noms qu'on

leur a donnés, et ces noms montrent assez de quels contes elles ont été l'objet. Les anciens y voyaient l'urine de lynx solidifiée, d'où le nom de *lyncurium*; d'autres y voyaient des pierres qui avaient reçu accidentellement la forme de pointes de javelot.

Mattioli en faisait des morceaux de succin pétrifié; Césalpin, des portions d'un coquillage; Mercati, des dattes fossilisées; Imperato et quelques autres, des stalactites; Rumphius, des *pierres de foudre*; Klein, des pointes d'oursins, opinion adoptée de nos jours par M. Beudant. Deluc reconnut enfin que ce n'était qu'un osselet intérieur analogue à celui de la seiche.

La figure ci-jointe nous montre, d'après d'Orbigny, la composition de cet objet et sa place dans une belemnite restaurée. Il était formé de trois parties.

La partie antérieure est une lame cornée en forme de spatule élargie en avant, rétrécie en arrière.

La partie moyenne, dite *alvéole*, est un godet profond de forme conique, contenant une série de loges aériennes traversées par un siphon central.

La partie postérieure recouvrant et proté-
geant l'alvéole est un encroûtement calcaire
plus ou moins allongé et constitue un véritable *rostre* terminal. C'est cette dernière par-

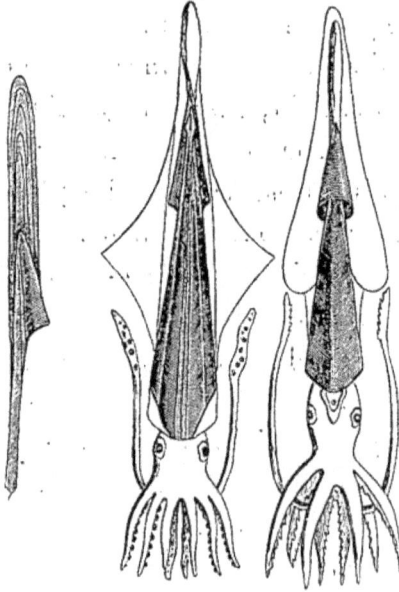

Belemnite restaurée.

tie qu'on trouve le plus souvent dans les
couches du sol, et toutes les collections en
possèdent de nombreux échantillons.

La partie antérieure servait à soutenir les
chairs.

La partie moyenne (*alvéole*), remplie d'air, compensait le poids énorme du rostre calcaire, qui, sans cette allége, eût obligé l'animal à se tenir dans la position verticale, tandis que la station normale était horizontale, comme on le voit dans la figure ci-jointe.

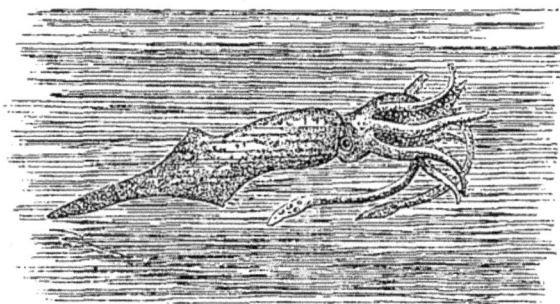

Belemnite restaurée et nageant.

Le rostre calcaire et dur avait pour fonction de protéger les parties molles du corps contre les chocs auxquels l'animal était exposé pendant la nage à reculons.

L'existence de ce rostre montre que les belemnites devaient être des mollusques côtiers, comme sa forme très-allongée indique que l'animal était élancé et bon nageur. D'après la dimension de quelques-uns de ces rostres, on peut supposer que certaines espèces dé-

passaient la taille d'un mètre. Quelques exemplaires heureusement conservés ont permis de
reconnaître qu'elles étaient, comme les seiches,
munies d'une poche à encre. C'étaient probablement des animaux carnassiers. On en connaît une soixantaine d'espèces.

II. — LES AMMONITES

Les ammonites sont, comme on l'a dit, des
céphalopodes tentaculifères, groupe qui n'a
plus qu'un représentant parmi les êtres vivants : le nautile. Les ammonites n'existent
donc qu'à l'état fossile. On en trouve dans
toutes les régions du globe. Elles pullulaient
dans les mers de l'époque secondaire, car c'é-
taient des animaux marins.

Ils étaient pourvus, comme le nautile et
tous les mollusques du même ordre, d'une
coquille extérieure formant une spirale régu-
lière à tours contigus enroulés sur un même
plan ; cette coquille était excessivement mince,
ce qui fait qu'on ne trouve jamais que les
moules, moules formés, selon les cas, de matières ferrugineuses, calcaires ou quartzeuses.

Leur taille varie d'une ligne à huit pieds de
diamètre. Le nombre des espèces est considérable. Alcide d'Orbigny en comptait cinq cent
trente.

La coquille était divisée en une suite de

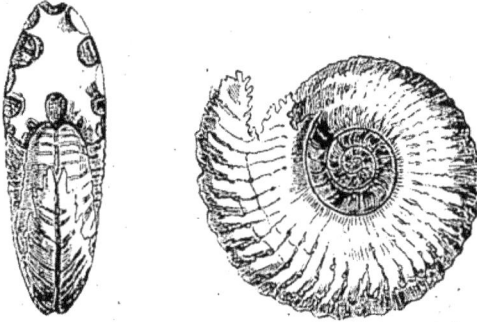

Ammonites.

chambres plus ou moins nombreuses, disposition qui se rencontre chez tous les céphalopodes tentaculifères, et chez le nautile par
conséquent. Ces chambres, dont le nombre
augmentait avec l'âge, avaient pour effet de
compenser l'augmentation de poids résultant
du développement de l'animal. Il y a des ammonites qui ont trois ou quatre cloisons par
tour de spire; il y en a chez lesquelles on
en compte cent et davantage. L'animal occu-

13

pait la cavité contenue en avant de la dernière
cloison, cavité qui, suivant les individus,
forme d'un demi-tour à un tour entier de
spire. Les cloisons étaient sécrétées par la
partie postérieure du mollusque, et chacune
d'elles marque la place que cette partie postérieure a occupée au fur et à mesure de l'accroissement. Toutes sont traversées par un
tube nommé *siphon*, placé au côté dorsal de
la coquille. Un siphon semblable existe chez
le nautile; mais il est plus central. D'après ce
qu'on voit chez ce dernier mollusque, il est
évident que ce siphon logeait chez l'ammonite
un organe charnu cylindrique placé à l'extrémité du corps, et à l'aide duquel l'animal
adhérait au fond de sa coquille. Mais le siphon
étant dorsal, ce mode d'attache n'eût procuré
qu'une sorte d'équilibre instable ; le ballotte-
ment était empêché par les profondes anfractuosités dont la cloison sur laquelle l'ammonite reposait était creusée à son pourtour. Dans
ces découpures élégantes et fines, qu'on a com-
parées à celles des feuilles du persil, péné-
traient, en effet, les lobes du manteau. Le
siphon n'avait pas seulement la fonction qui
vient d'être indiquée ; selon toute apparence,

d'une manière ou de l'autre , il donnait à l'ammonite le moyen de se rendre à volonté plus
légère ou plus lourde ; je dis d'une manière
ou de l'autre, parce qu'il y a doute sur ce mode.
D'après M. de France, le siphon servait à com-
primer et à dilater l'air renfermé dans les

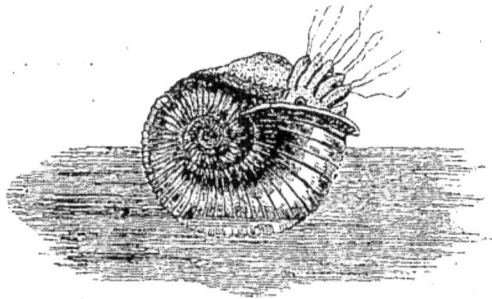

Ammonite restaurée.

cellules, et Buckland a adopté cette manière
de voir ; mais Alcide d'Orbigny s'est inscrit
contre elle. D'après lui, le siphon ne commu-
niquait nullement avec l'intérieur des chambres ; c'était un tube indépendant et complétement clos , sauf à la partie antérieure ; mais
on suppose que l'organe qu'il logeait dans son
intérieur était creux, et que cet organe creux,
ce tube, pouvait tour à tour se remplir d'eau
et se vider, et que par ce moyen l'animal des-

cendait ou s'élevait à son gré. Il est probable,
du reste, que, comme le nautile, il flottait à
la surface des eaux, et c'est ce que montre la
figure ci-jointe de l'ammonite restaurée.

L'abondance extrême et la forme remarquable de ces coquilles en ont fait de tout
temps un objet de curiosité. On les a souvent
prises pour des serpents pétrifiés, et d'anciens
ouvrages les désignent sous le nom de *serpens
lapideus*. Le nom d'ammonites vient de leur
ressemblance avec les cornes à bélier sculp-
tées sur les temples de Jupiter Ammon; on
les révérait à cause de cela en Égypte et en
Éthiopie. Elles ont été également l'objet d'une
sorte de culte parmi les Indous. Les brahmes
les conservaient dans des boîtes précieuses et
leur faisaient un sacrifice tous les jours. Son-
nerat a rapporté de ses voyages une ammonite qui avait servi au culte de Brahma.

LES RAYONNÉS

Nous voici en présence d'animaux qu'on jugera infimes si l'on n'a égard qu'à la simplicité de leur organisation. Mais si, au contraire, on les envisage au point de vue géologique, on trouvera qu'en comparaison du rôle qu'ils ont rempli, celui de ces colosses du règne animal qui ont passé sous nos yeux quand nous avons traité des mammifères et des reptiles, est tout à fait insignifiant.

L'importance géologique de ces petits êtres est telle, qu'elle n'est égalée que par celle des agents physiques, du feu central et des eaux de l'Océan. De puissantes couches terrestres, des montagnes entières sont entièrement formées par eux, non pas simplement formées de leurs débris, comme c'est le cas pour les coquillages; les zoophytes vivants ont édifié ces assises gigantesques. Ce sont des constructeurs d'îles et de continents, des bâtisseurs de mondes.

Ce mode de formation n'a d'ailleurs rien de mystérieux; car il s'opère encore de nos jours.

Chacun sait que les *bancs de coraux* (c'est le nom collectif qu'on donne vulgairement aux polypiers) s'élèvent parfois avec une rapidité surprenante, au point de rendre impraticables en peu d'années des parages où les marins trouvaient un libre accès. Aux abords de l'Australie, un détroit qui ne comptait il y a peu de temps que vingt-six îlots en compte aujourd'hui cent cinquante.

C'est principalement dans la mer du Sud qu'on peut voir les polypiers à l'œuvre. Auprès des îles Maldives, ils forment une masse d'un volume égal à celui des Alpes.

« Ils ont, dit Owen, bâti une barrière de récifs de quatre cents milles de longueur autour de la Nouvelle-Calédonie, et une autre, qui va le long de la côte nord-ouest de l'Australie, de mille milles de longueur. Et ces travaux ont été exécutés au milieu des flots de l'Océan, en dépit des tempêtes, qui anéantissent si rapidement les ouvrages les plus solides de l'homme. »

Les *îles Basses*, les *îles de la Société*, les *îles Gilbert*, les *îles Marshall*, les *Carolines*, d'innombrables îlots et récifs, s'étendant diagonalement dans l'océan Pacifique sur une

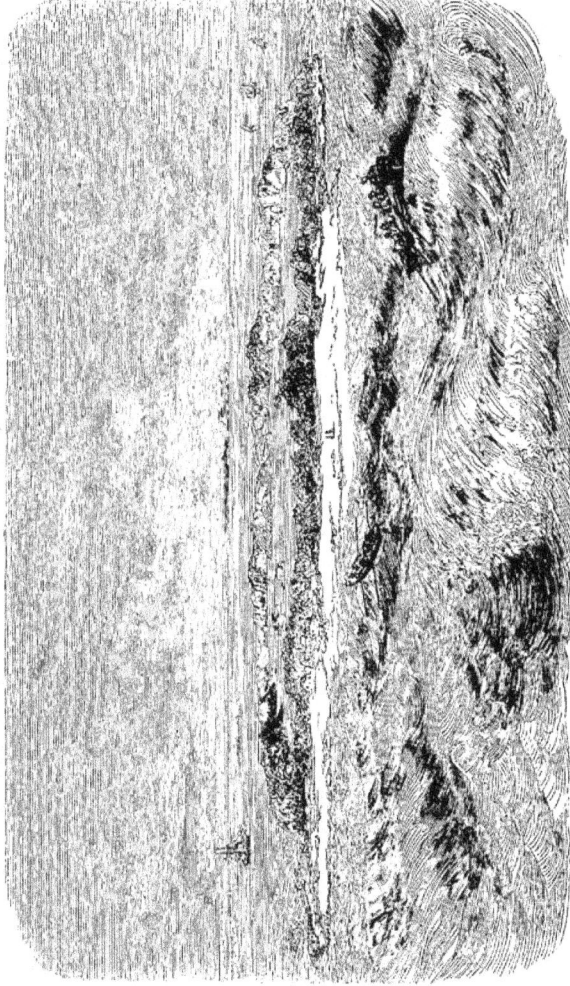

Atoll ou île à coraux.

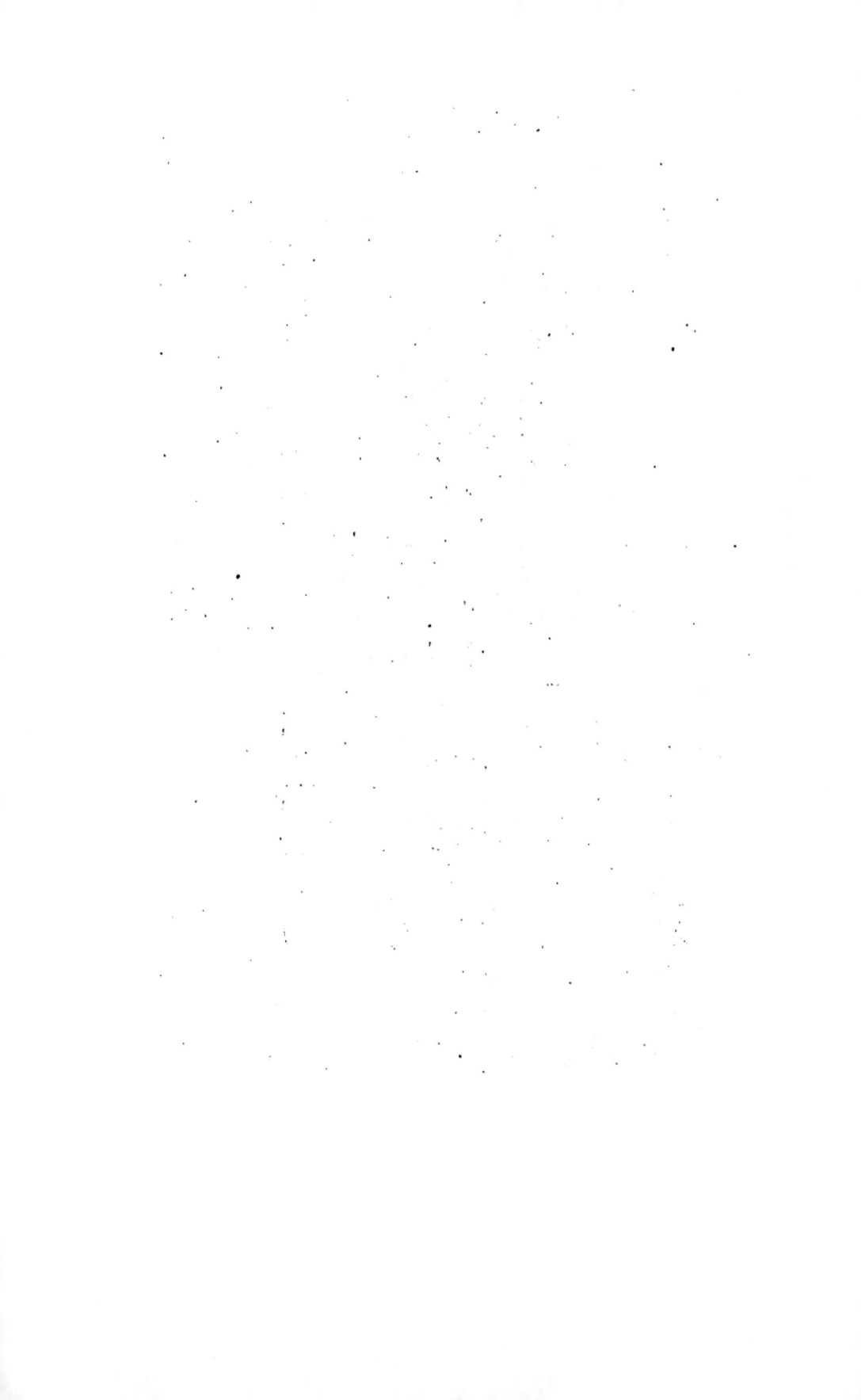

longueur de plus de treize mille kilomètres
et sur une largeur moyenne de deux mille,
ont été et sont construits par eux.

Ces îles, nommées Atolls ou îles à coraux,
ont presque toujours une forme circulaire
avec une dépression au centre, ce qui paraît
tenir à ce que les polypiers prospèrent mieux
là où l'Océan est le plus agité, cette agitation
mettant à leur portée une nourriture plus
abondante. Leur nourriture consiste en mi-
nimes débris de matières animales; car, ainsi
que l'a remarqué Buckland, leur office, outre
celui de concréter les sels calcaires que la
mer renferme, est de débarrasser celle-ci de
la partie la plus ténue des substances putres-
cibles qu'elle tient en suspension.

Peu à peu les grandes lames enfouissent au
centre de l'île les débris arrachés à sa ceinture; la cavité intérieure se comble, le ferme
apparaît; bientôt viennent les graines appor-
tées par les vents, les oiseaux et les courants,
et un nouveau jardin sort du sein des eaux.

M. Darwin a peint avec éloquence cette
lutte et cette entente de l'animalcule et des
flots. Il visitait le cercle des récifs qui forme
la lagune de l'île des Cocos. « Le 6 avril,

écrit-il, j'accompagnai le capitaine au fond de la lagune; le chenal y tournoie entre des coraux délicatement ramifiés... Arrivés au bout de la lagune, nous traversâmes l'étroit îlot pour voir, du côté du vent, la large mer se briser sur la côte. Je ne puis dire pourquoi ni à quel point ce spectacle me paraît imposant : ces élégants cocotiers, ces lignes de verdoyants buissons, cette marge plate, infranchissable barrière semée de blocs énormes, enfin cette frange de vagues écumantes qui se ruent autour des récifs. L'Océan, comme un invincible et tout-puissant ennemi, lance ses flots, et il est re-poussé, vaincu par les moyens les plus simples. Ce n'est pas qu'il épargne les roches de corail, dont les gigantesques fragments jetés sur la plage proclament sa puissance; il n'accorde ni paix ni trêve; la longue houle enflée par le doux mais incessant travail des vents alizés, soufflant toujours d'une même direction sur cet espace immense, soulève des vagues presque aussi hautes que celles qu'accumulent les tempêtes de nos zones tempérées. On reste convaincu, à voir leur incessante rage, que l'île du roc le plus dur, de porphyre, de granit, de quartz, serait démolie par cette irrésistible force, tandis que les humbles rives demeurent victorieuses. Un autre pouvoir a pris part à la lutte. La force organique s'empare un à un des atomes de carbonate de chaux, et les sépare de la bouillonnante écume pour les unir dans une symétrique structure. Qu'importe que la tempête entraîne par milliers d'énormes blocs de rochers! que peut-elle contre le travail incessant de myriades d'architectes à l'œuvre nuit et jour? Nous voyons ici le corps mou et gélatineux d'un polype vaincre, par l'action des lois vitales, l'immense pouvoir mécanique des vagues de l'Océan, auquel ne résisteraient ni l'art de l'homme ni les ouvrages inanimés de la nature. »

Plus anciennement, Pyrard de Laval, décrivant en 1601 les îles Malouines, avait raconté les mêmes spectacles.

« Elles sont, disait-il, divisées en treize provinces, nommées *atollons,* qui est une division naturelle selon les lieux, d'autant que chaque *atollon* est séparé des autres, et contient en soi une grande multitude de petites îles. C'est une merveille de voir chacun de ces atollons environné d'un grand banc de pierre tout autour, n'y ayant point d'artifice humain qui pût si bien fermer de murailles un

espace de terre comme cela est. Ces atollons
sont quasi tout ronds ou ovales, ayant chacun
trente lieues de tour, les uns quelque peu plus,
les autres quelque peu moins; et sont tous de
suite et bout à bout depuis le nord jusqu'au sud,
sans aùcunement s'entre-toucher. Il y a entre
deux des canaux de mer, les uns larges, les
autres fort étroits. Étant au milieu d'un atollon, vous voyez tout autour de vous ce grand
banc de pierre qui entoure et qui défend les
îles contre l'impétuosité de la mer. Mais c'est
chose effroyable, même aux plus hardis, d'ap-
procher ce banc, et de voir venir de bien loin
les vagues se rompre avec fureur tout autour. »

Non-seulement les archipels de la mer du
Sud doivent leur existence aux polypiers,
mais sans le travail incessant de ceux-ci
toutes ces îles auraïent depuis longtemps disparu, car toute cette vaste étendue de mer
s'affaisse; l'accroissement en hauteur des polypiers compense l'abaissement du lit de la
mer, et les îles restent à fleur d'eau.

On comprend après cela le rôle immense
que les polypiers ont joué dans l'histoire ancienne du globe.

L'Allemagne entière repose sur un banc de
corail.

LES PROTOZOAIRES

———

Leur importance géologique ne le cède point à celle des polypiers.

Craie de Meudon.

On sait que les protozoaires se divisent en *foraminifères, infusoires* et *spongiaires;* jetons un coup d'œil sur chacun de ces groupes.

Longtemps confondus avec les céphalopodes à cause de la ressemblance de leurs
coquilles avec celle du nautile, les foraminifères sont pour la plupart des animaux microscopiques. Or la craie, qui forme dans le
monde entier des bancs d'une si grande puissance, est presque entièrement formée de ces
minuscules coquilles.

Les *milioles*, ainsi nommées parce que leur
volume ne dépasse pas celui d'un grain de
millet (et il est souvent moindre), forment
entièrement la pierre désignée vulgairement
sous le nom de *moellon*, et que les géologues
nomment *calcaire à miliolites*. M. de France
a reconnu qu'une ligne cube de calcaire grossier en renferme quatre-vingt-seize. Paris est
bâti de ces coquilles microscopiques.

Les *nummulites*, autres foraminifères, sont
plus étonnantes encore.

Leur nom vient de leur forme discoïde, qui
rappelle celle des pièces de monnaie (*num-
mulus*); c'est pourquoi on les désigne quelquefois sous le nom de *pierres numismales*.
On les appelle encore pierres *lenticulaires*,
parce qu'elles ressemblent, en effet, à des
graines de lentille, et que les plus grandes

d'entre elles ont une dimension égale à celle
de ces graines.

Les nummulites se rencontrent en quantité
prodigieuse dans les terrains secondaires et
dans les tertiaires; elles constituent à elles
seules des bancs immenses. La pierre de

Nummulite.

Laon, souvent employée dans les constructions, n'est formée que de nummulites; toute
la chaîne arabique qui longe le Nil en est
faite. « Dans diverses régions de la haute
Égypte que j'ai parcourues, écrit M. Pouchet, le sol du désert ne consiste qu'en un lit
épais de nummulites dans lequel glissent et
s'enfoncent les pieds des voyageurs et des
chameaux. »

Le Sphinx a été taillé dans un bloc de num-

mulites. Plusieurs des pyramides d'Égypte,
dont les matériaux ont été empruntés à la
chaîne arabique, sont également faites de
nummulites. « Les siècles, dit encore le naturaliste qu'on vient de nommer, les siècles,
en rongeant la surface de ces monuments
gigantesques, en ont rassemblé d'énormes
masses à la base de ces derniers, où elles
entravent la marche des visiteurs. A l'époque
de Strabon on prétendait que ce n'étaient que
des lentilles abandonnées par les anciens ouvriers, et fossilisées par l'action du temps;
mais le géographe grec a réfuté cette tradition grossière, et, dans sa description de
l'Égypte, il classe les nummulites au nombre
des pétrifications. »

A la classe des foraminifères appartient
l'animal fossile le plus ancien qu'on connaisse
jusqu'ici.

Une inspection géologique faite dans le Ca-
nada au nord du Saint-Laurent, sous la direction de sir William E. Logan, a amené
tout récemment la découverte d'une série de
roches stratifiées et cristallisées de gneiss, de
micaschiste, de quartzite et de calcaire, série
épaisse de treize à quatorze mille mètres, à

laquelle on a donné, en raison de sa position
géographique, le nom de *laurentienne*. Ces
roches sont aussi anciennes, sinon plus,
qu'aucune des formations nommées *azoïques*
en Europe, et ainsi nommées à cause de ce
caractère négatif qu'elles ne présentent aucun vestige d'êtres vivants, ce qui les a fait
considérer comme antérieures à la création de
ceux-ci.

Eh bien, dans le plus bas, dans le plus ancien système de cette vaste série laurentienne,
dans un calcaire d'environ trois cent trente
mètres d'épaisseur, M. Dawson, de Montréal,
qui a étudié ce calcaire au microscope, a reconnu des restes organiques, ceux d'une
grande espèce de foraminifères, et de beaux
exemplaires de ce fossile, appelé *eozoon cana-
dense*, ont été envoyés en Europe. La vie est
donc bien plus ancienne sur le globe qu'on ne
l'avait cru jusqu'à présent.

Passons aux infusoires.

La ville de Berlin est bâtie sur un banc
d'infusoires vivants de soixante-six mètres
d'épaisseur. Il s'agit ici d'animaux microscopiques, dont il faut dix mille rangés côte à
côte pour faire une largeur de vingt-sept

millimètres, et un million pour faire un mil-
ligramme.

On connaît dans les bruyères de Lunebourg
un banc du même genre; mais celui-ci n'a
que dix-sept à dix-huit mètres d'épaisseur.

On en connaît de moins importants encore:
dans l'Amérique du Nord, ils n'ont que six à
sept mètres d'épaisseur.

Ceci nous explique comment certaines roches anciennes, des couches stratifiées d'une
grande puissance et de véritables montagnes,
sont entièrement formées de carapaces d'infusoires.

D'après Ehrenberg, un cube de craie de
vingt-sept millimètres de côté en renferme
un million.

Schleiden estime que la couche de craie qui
recouvre une carte de visite représente près
de cent mille coquilles d'animalcules.

Le tripoli de Billin, en Bohême, et celui de
l'île de France, sont entièrement composés de
coquilles siliceuses si parfaitement conservées, qu'Ehrenberg, à qui on doit cette découverte, a pu les comparer aux coquilles
d'animalcules vivants avec lesquels elles ont
la plus grande analogie.

Vingt-sept millimètres cubes de tripoli de
Billin n'en contiennent pas moins de quarante et un millions.

Or les schistes de Billin couvrent une surface de trente-deux à quarante kilomètres carrés, sur une profondeur de soixante-six centimètres à cinq mètres !

Certains tripolis de couleur rougeâtre servent en quelques provinces à badigeonner
les maisons, et partout à écurer les batteries
de cuisine ; ces maisons doivent leur riante
couleur et ces ustensiles doivent leur brillant
à des animalcules fossiles.

On en rencontre jusque dans les roches les
plus compactes. M. White en a fait connaître
douze espèces qui se trouvent dans les silex de
la craie.

Certains peuples, en Asie et en Amérique,
font entrer dans leur régime alimentaire diverses argiles nutritives ; ces argiles sont en
partie composées d'animalcules fossiles.

Un mot sur les éponges.

On sait que la plupart d'entre elles ont une
bâtisse molle et cornée ; d'autres ne sont composées que de fibrilles siliceuses, la moindre
pression les brise comme du verre. On a

émis l'opinion que ces éponges ont pu con-
courir avec les infusoires à la formation des
silex de la craie. C'est l'opinion de sir Charles
Lyell. Toujours est-il qu'on trouve dans quelques silex des débris reconnaissables d'é-
ponges. On en rencontre également dans les
jaspes et les agates.

L'HOMME

I

Maintenant une question se pose : L'homme a-t-il vécu en même temps que quelques-uns de ces animaux?

Cette question, Cuvier la résolvait négativement.

On a vu qu'il s'étonnait de ce qu'on n'eût pas découvert un seul singe, un seul quadrumane parmi les fossiles.

Après avoir constaté leur absence, il ajoutait :

« Il n'y a non plus aucun homme ; tous les os de notre espèce que l'on a recueillis avec ceux dont nous venons de parler, s'y trouvaient accidentellement; et leur nombre est d'ailleurs infiniment petit, ce qui ne serait sûrement pas si les hommes eussent fait alors des établissements sur les pays qu'habitaient ces animaux. »

Un des chapitres de son discours est inti-
tulé : *Il n'y a point d'os humains fossiles.*

« Je dis, écrit-il, qu'on n'a jamais trouvé d'os
humains parmi les fossiles, bien entendu parmi
les fossiles proprement dits, ou, en d'autres
termes, dans les couches régulières de la surface du globe ; car dans les tourbières, dans
les alluvions, comme dans les cimetières, on
pourrait aussi bien déterrer des os humains
que des os de chevaux et d'autres espèces vul-
gaires ; il pourrait s'en trouver également dans
des fentes de rocher, dans des grottes où la
stalactite se serait amoncelée sur eux ; mais
dans des lits qui recèlent les anciennes races,
parmi les paléothériums, et même parmi les
éléphants et les rhinocéros, on n'a jamais découvert le moindre ossement humain. »

En passant en revue les faits alors invoqués
pour établir que l'homme avait été contemporain de quelques espèces éteintes, il montre
sans difficulté que la plupart de ces faits ont
été mal observés, et ne prouvent nullement ce
qu'on veut leur faire prouver.

« Il n'est guère, dit-il, autour de Paris,
d'ouvriers qui ne croient que les os dont nos
plâtrières fourmillent sont en grande partie

des os d'hommes ; mais comme j'ai vu plusieurs milliers de ces os, il m'est bien permis
d'affirmer qu'il n'y en a jamais eu un seul de
notre espèce. L'*homo diluvii testis* de Scheuchzer a été replacé, dès ma première édition,
à son véritable genre, qui est celui des salamandres ; et, dans un examen que j'en ai
fait depuis à Harlem, par la complaisance de
M. Van Marum, qui m'a permis de découvrir
les parties cachées dans la pierre, j'ai obtenu
la preuve complète de ce que j'avais annoncé.
Tout nouvellement encore on a prétendu en
avoir découvert à Marseille, dans une pierre
longtemps négligée : c'étaient des empreintes
de tuyaux marins. Les véritables os d'hommes
étaient des cadavres tombés dans des fentes
ou restés en d'anciennes galeries de mines,
ou enduits d'incrustations ; et j'étends cette
assertion jusqu'aux squelettes humains découverts à la Guadeloupe dans une roche
formée de parcelles de madrépores rejetées par
la mer et unies par un stuc calcaire. Les morceaux de fer trouvés à Montmartre sont des
broches que les ouvriers emploient pour mettre
la poudre, et qui cassent quelquefois dans la
pierre. »

La science même parle ici par la bouche de
Cuvier. Mais en même temps qu'il relève les
erreurs d'autrui, à son tour il se trompe totalement sur la valeur de quelques-uns des faits
soumis à son examen, et c'est, par exemple,
quand il écrit :

« On a fait grand bruit il y a quelques mois
de certains fragments humains trouvés dans
les cavernes à ossements de nos provinces méridionales ; mais il suffit qu'ils aient été trouvés dans des cavernes pour qu'ils entrent dans
la règle. »

Non-seulement les géologues et les paléontologistes ne récusent plus aujourd'hui le témoignage des cavernes, mais en outre les faits
particuliers que Cuvier avait en vue sont aujourd'hui placés parmi ceux qui démontrent
l'existence de l'homme fossile.

Car l'homme fossile est aujourd'hui universellement admis, et la seule question à résoudre
est celle de savoir à quelle date géologique il
remonte.

II

Un savant qui a pris une part brillante à
l'exploration des cavernes du Midi, M. le doc-

teur Garrigou, a émis récemment l'opinion
que l'homme pourrait remonter au terrain
tertiaire móyen (miocène).

« Du moment, écrit-il, où des mammifères
aussi parfaits que les mastodontes, les lions,
les hyènes et les cerfs, ont pu vivre dans l'air
miocène et se faire à un climat que leur présence nous indique comme ayant dû être sain,
du moment où M. Lartet a montré un singe
se développant avec ces mammifères, pourquoi l'homme n'aurait-il pas existé avec eux ? »

C'est exactement le raisonnement dont se
servait. M. Boucher de Perthes, il y a vingt
ans et plus, pour faire admettre que l'homme
avait pu vivre dans les temps quaternaires.
L'événement a justifié ce raisonnement. Il n'y
a, du reste, aucune raison *physiologique* pour
que l'homme n'ait pu vivre là où un singe
anthropomorphe, le *dryopithecus Fontanii,*
vivait. Mais si cette remarque doit nous rendre
attentifs aux faits à l'aide desquels on pourra
vouloir démontrer par la suite que le genre
humain remonte à cette époque reculée, elle
ne saurait tenir lieu de ces faits eux-mêmes.
Jusqu'ici nous n'avons aucune preuve que
l'homme ait existé à l'époque miocène. Re-

14

montons donc les étages géologiques, et voyons
dans lequel de ces étages nous le trouverons.

III

Au-dessus des terrains tertiaires moyens
(miocène), les terrains tertiaires supérieurs
(pliocène) se présentent.

Au pliocène appartiennent les sablonnières
de Saint-Priest (Eure-et-Loir), célèbres parmi
les paléontologistes à cause de la grande abondance des restes d'*elephas meridionalis*, de
rhinoceros leptorinus, d'*hippopotamus major*,
de grands bœufs, de grands cerfs et de chevaux
qu'il renferme, et la présence de ces restes est
la preuve que le terrain dont il s'agit appartient bien au terrain tertiaire supérieur.

Or M. J. Desnoyers a annoncé, il y a
quatre ou cinq années, que la plupart des ossements provenant des sablonnières de Saint-
Priest portent l'empreinte de la main de
l'homme.

Sur un crâne d'éléphant il montrait la
marque de flèches qui, après avoir traversé la
peau et les chairs, avaient glissé sur l'os. Il

montrait que tous les crânes du grand cerf
nommé *megaceros* *Carnutorum* paraissent
avoir été brisés par un coup violent donné sur
l'os frontal, près du point d'insertion des deux
bois ; que ces bois portent à la base des inci-
sions dirigées latéralement, et de haut en bas,
comme celles qu'eût faites un outil tranchant
employé à enlever la chair et à détacher les
tendons ; que les os des ruminants sont brisés
en long et en travers, et semblent l'avoir été
dans le but d'en extraire la moelle, etc...

Quelques géologues adoptèrent l'opinion de
M. J. Desnoyers ; d'autres réservèrent la leur.
Un crâne de cerf trouvé à Saint-Priest était
percé d'un trou évidemment fait du vivant de
l'animal ; on supposa qu'il avait pu être fait
pendant un de ces combats furieux qu'à de certaines époques les cerfs se livrent entre eux.
La plupart des os de Saint-Priest portent des
stries et des rayures de divers genres ; mais,
comme on s'en est assuré par des expériences
faites au jardin zoologique de Londres, les
porcs-épics rayent à peu près de la même
manière les os frais qu'ils rongent, et jus-
tement on a découvert à Saint-Priest la
mâchoire d'un grand rongeur. Enfin, on

fit surtout remarquer qu'aucun instrument,
qu'aucune arme, n'avaient été trouvés dans
ce gisement; et, en leur absence, les preuves
invoquées par M. J. Desnoyers parurent in-
suffisantes même à des géologues qui, comme
M. Ch. Lyell, sont portés à admettre que
l'homme a vécu, en effet, à l'époque où les terrains tertiaires se déposaient.

Or c'est le témoignage réclamé par M. Ch.
Lyell que M. l'abbé Bourgeois a produit tout
récemment dans une note présentée à l'Académie par M. d'Archiac.

« Je n'ai pas rencontré, il est vrai, écrit-il,
la forme classique de Saint-Acheul et d'Abbeville; mais j'ai pu recueillir à tous les ni-
veaux les types les plus communs, tels que
têtes de lances ou de flèches, poinçons, grat-
toirs, marteaux, etc. L'un de ces instruments paraît avoir subi l'action du feu.

« Les silex taillés des sables et graviers de
Saint-Priest sont très-grossiers, et présentent
la ressemblance la plus frappante avec ceux
que j'ai signalés dans le diluvium de Ven-
dôme. »

D'après cela, l'homme appartiendrait au
terrain tertiaire supérieur.

S'il en est ainsi, il doit avoir laissé sa trace
dans les terrains postérieurs, c'est-à-dire
quaternaires. Interrogeons ces derniers.

IV

M. Lartet divise la période quaternaire en
quatre âges paléontologiques, qui sont, par
rang d'ancienneté :

L'âge de l'ours des cavernes ;

L'âge de l'éléphant primitif ou mammouth ;

L'âge du renne ;

L'âge de l'aurochs.

L'ours des cavernes a disparu avant le
mammouth, celui-ci avant le renne, et le
renne avant l'aurochs.

Avant d'aller plus loin, disons que personne, et depuis longtemps, ne met en doute
que dans le midi de la France l'homme ait
vécu en même temps que l'aurochs, qui ne
se trouve plus aujourd'hui que dans quelques
forêts de la Lithuanie, de la Russie et du
Caucase, et qu'il y ait vécu plus anciennement
encore, en même temps que le renne, qui ne

se rencontre plus que dans les régions polaires.

Or l'une des preuves les plus décisives de la coexistence de l'homme et du renne dans nos régions méditerranéennes est fournie par l'état des os de ce ruminant, trouvés dans les cavernes pêle-mêle avec des objets d'industrie humaine, ou même des os humains. Tous ces os, en effet, du moins les os longs, ont été brisés de la même manière, dans le but bien évident d'en extraire la moelle. Ce qui prouve que dès cette époque reculée l'homme faisait ce que font aujourd'hui les peuples des contrées arctiques : Lapons, Esquimaux, Samoïdes, Kamtchadales, etc.

Cela posé, il est évident qu'il suffira de trouver des os d'*ursus spelæus* cassés à l'état frais de la même manière que l'ont été tous les os de renne, pour prouver que l'homme a vécu en même temps que l'*ursus spelæus*.

Or c'est cette preuve qu'apportent MM. Garrigou et Filhol.

« Nous avons eu déjà l'occasion, il y a deux ans, écrivent-ils, de présenter des ossements d'*ursus spelæus*, de *felis spelæa*, de *rhinoceros tichorhinus* que nous croyons taillés de main d'homme.

« C'étaient des mâchoires inférieures de grand ours et de grand chat des cavernes, dont la partie postérieure, très-régulièrement enlevée, sans doute pour être plus facilement tenue à la main, formait avec leur canine menaçante une arme, redoutable ou un instrument utile pour gratter la pierre. C'étaient des os longs de grands ours taillés en forme de couteaux, une phalange du même animal percée de part en part aux deux têtes articulaires et portant une série de traits sur chaque côté de la diaphyse. C'était un côté gauche de mâchoire inférieure du même ours complétement traversée par un coup d'instrument piquant, et montrant les productions pathologiques d'une ostéite déclarée après la blessure. C'étaient encore des tibias et des humerus de *rhinoceros tichorhinus* cassés dans leur diaphyse comme ceux que nous avons décrits de rennes et d'aurochs, de moutons et de chèvres. Les cassures faites sur ces os avaient souvent été entamées par la dent de gros carnassiers.

« A ces pièces, dont nous avons aujourd'hui augmenté le nombre, il faut joindre une série d'ossements de grands ours et de grands chats

des cavernes cassés comme ceux de l'âge du
renne, de l'âge de l'aurochs et de l'âge de la
pierre polie. »

On cite d'autres faits encore à l'appui de la
contemporanéité de l'homme et de l'ours des
cavernes. Le suivant est un des plus curieux
qu'on puisse rapporter.

La caverne d'Aurignac, située dans l'ar-
rondissement de Saint-Gaudens (Haute-Garonne), à quatorze mètres au-dessus du
ruisseau de Rodes, dans l'escarpement d'une
roche calcaire, a deux mètres vingt-cinq de
profondeur et deux mètres cinquante de hauteur; l'entrée, qui est cintrée, a trois mètres
de large. Le hasard en a révélé l'existence il y
a une quinzaine d'années à l'entrepreneur
chargé de l'entretien de la route voisine (celle
de Boulogne). Quand les abords de la grotte,
encombrés de fragments de roches et de terre
végétale, furent déblayés, on se trouva en
présence d'une grande dalle verticale de quelques centimètres d'épaisseur, qui en fermait
l'entrée.

La dalle enlevée, on aperçut une grande
quantité d'ossements et de crânes humains.
Examen fait, il se trouva qu'il y avait dix-sept

squelettes, dont quelques-uns de femmes et
d'enfants. La découverte, comme on le pense
bien, fit du bruit; elle donna lieu aux suppositions les plus sinistres, mais aucune d'elles
ne put soutenir la critique. Il devint évident
que cette grotte était tout simplement une sé-
pulture, et on dut admettre que, semblable à
nos caveaux de famille, elle avait reçu successivement les cadavres de ceux dont elle renfer-
mait les restes. Mais à quelle époque? C'est
ce que les auteurs et les témoins de la découverte, point archéologues, pas du tout paléontologistes, n'était pas en état de dire. Les
ossements furent ensevelis dans le cimetière
de la paroisse.

Ce n'est qu'en 1860 que M. Lartet se trans-
porta sur les lieux. Jusque-là Aurignac
n'avait reçu la visite d'aucun homme de
science. Le premier soin de M. Lartet fut de
se renseigner sur les observations faites an-
térieurement. Il procéda ensuite à l'étude du
terrain. Ayant fait enlever avec le plus grand
soin le remblai opéré quelques années auparavant par les premiers explorateurs, tant à
l'intérieur qu'au dehors de la grotte, il reconnut qu'une plate-forme parfaitement ni-

14*

velée, de trois à quatre mètres carrés, s'éten-
dait devant celle-ci.

Sur cette plate-forme il trouva une couche
de cendre et de charbon, des fragments de
pierre ayant subi l'action du feu, et dans ces
restes de foyer de nombreux fragments d'os,
provenant, quelques-uns de carnassiers, la
plupart de grands mammifères herbivores. Les
uns étaient entièrement carbonisés, d'autres
seulement roussis. Les os d'herbivores, et
particulièrement ceux à cavité médullaire,
avaient été cassés d'une manière uniforme,
comme dans le but d'en extraire la moelle.
Plusieurs avaient été entaillés ou râclés à
l'aide d'instruments tranchants. D'autres os
n'ayant pas subi l'action du feu portaient
l'empreinte profonde des dents de grands carnivores, et des coprolithes, ou excréments
fossiles épars çà et là, prouvaient que l'hyène
était un de ces carnassiers. Enfin, au milieu
de ces débris gisaient un grand nombre de
ces éclats auxquels les archéologues donnent
le nom de *couteaux*, et divers projectiles à
saillies anguleuses.

Les fouilles, méthodiquement conduites,
tant à l'intérieur de la-grotte que dans la

plate-forme, mirent M. Lartet en possession
d'un grand nombre d'instruments primitifs
et d'os d'animaux d'espèces perdues ou d'espèces actuelles. Les instruments sont, entre
autres, des silex d'abord, cela va sans dire ;
puis des lames en bois de renne polies ; une
canine de l'*ursus spelœus* ayant évidemment
été travaillée, etc. ; il y avait aussi des ornements en os et en coquillages.

Les os d'animaux sont, en herbivores :
elephas primigenius, *rhinoceros tichorhinus*,
megaceros hibernicus (grand cerf d'Irlande),
biso europœus (aurochs); en fait de carnivores : *ursus spelœus* (ours à front bombé ou
grand ours des cavernes), *ursus arctos;* la
détermination de celui-ci est cependant douteuse ; loup, renard, *felis spelœa* (felis des cavernes), chat sauvage, hyène, etc. Notons
qu'on n'a trouvé aucun vestige de l'existence
du chien.

Une dizaine d'os humains étaient encore
engagés dans la terre meuble de la caverne ;
mais quant à ceux qui avaient été inhumés
dans le cimetière, on ne put les retrouver.

Telle est la découverte de M. Lartet. Il en
conclut que les os humains d'Aurignac ont

appartenu à une race contemporaine des
grands mammifères perdus, et en particulier
du grand ours des cavernes. Cette caverne
fut une de ses sépultures; elle s'est assise autour de ce foyer.

L'usage des métaux paraît lui avoir été inconnu; car le monument qu'elle nous a laissé
n'en a gardé aucune trace. Elle se servait
d'instruments en silex et en os; elle vivait
du produit de la chasse. Quand la peuplade
campée à Aurignac perdait un de ses membres,
le cadavre du défunt était introduit dans la
grotte, et avec lui on y déposait les restes de
quelques animaux; on procédait ensuite, en
présence du mort, à un repas funèbre; puis,
le caveau refermé, on abandonnait aux carnassiers errants les restes du festin.

V

Passons au diluvium proprement dit, lequel est postérieur à l'ours des cavernes, car
ce carnassier ne s'y rencontre pas.

Un archéologue illustre, M. Boucher de
Perthes, a pendant une grande partie de sa

laborieuse carrière soutenu la coexistence du
mammouth et de l'homme dans les couches
diluviennes. Ses preuves ont consisté exclusivement, pendant plus de vingt années, en
d'innombrables instruments en silex (haches,
coins, couteaux, etc.), taillés, jamais polis,
rencontrés par lui dans le diluvium de Pi-
cardie, près d'Abbeville et d'Amiens. Enfin,
dans ces dernières années, il a recueilli une
grande quantité d'os humains dans les mêmes
terrains, particulièrement une mâchoire inférieure, qui a donné lieu à un débat célèbre.

On cite encore d'autres faits à l'appui de
la contemporanéité de l'homme et du mammouth. Nous nous bornerons au suivant.

M. Lartet visitait en mai 1864, en compagnie du docteur Falconer, les cavernes osseuses de la Dordogne. Lorsqu'ils arrivèrent
au gisement de *la Madeleine,* les ouvriers
avaient mis à découvert cinq fragments d'une
lame d'ivoire anciennement détachée d'une
assez grosse défense d'éléphant. « Après avoir,
dit M. Lartet, rejoint ces morceaux par les
points de repère que fournissaient les anfractuosités des cassures, je montrai au docteur
Falconer de nombreuses lignes ou traits de

gravure peu profonds, dont l'ensemble ainsi
rapproché paraissait accuser des formes animales. L'œil exercé du célèbre paléontologiste qui a le mieux étudié les proboscidiens
y reconnut aussitôt une tête d'éléphant. Il y
signala ensuite d'autres parties du corps, et,
principalement dans la région du cou, un
faisceau de lignes descendantes qui rappelait
la crinière, de longs poils caractéristiques du
mammouth ou éléphant des temps glaciaires.»

M. Lartet ajoute que, comme M. Falconer et comme lui, MM. Milne-Edwards, de
Quatrefages, Desnoyers, de Longpérier et
A. W. Franks, directeur de la Société des an-
tiquaires de Londres, ont reconnu dans cette
gravure l'image d'un éléphant primitif. « C'est
donc en réalité, écrivait-il, l'opinion de ces
savants éminents qui se produira devant l'Académie autant que la mienne propre.

« Au reste, ajoutait-il, ce nouveau fait
n'ajoutera rien aux convictions déjà acquises
sur la coexistence de l'homme avec l'éléphant
fossile (*elephas primigenius*) et les autres
grands herbivores ou carnassiers que les géologues considèrent comme ayant vécu dans
les premières phases de la période quater-

naire. Cette vérité d'évidence rétrospective se
déduit aujourd'hui d'un si grand nombre
d'observations et de faits matériels, d'une
signification tellement manifeste, que les es-
prits les moins préparés à l'admettre ne tar-
dent pas à l'accepter dans toute sa réalité,
dès qu'ils veulent bien prendre la peine de
voir, et après cela de juger en conscience. »

VI

Nous avons dit que l'âge du renne a succédé
à celui du mammouth.

Les preuves de la contemporanéité de
l'homme et du renne dans la France méridionale sont de divers ordres; j'en indiquerai
quelques-unes.

Il est évident que le seul fait du mélange,
dans une caverne, d'ossements d'animaux et
de produits de l'industrie humaine, voire
même d'ossements humains, ne prouve nullement que l'homme ait vécu en même temps
que les animaux aux restes desquels les siens
sont ainsi associés. On comprend, en effet,
que des os d'animaux enfouis dans le sol de-

puis un temps plus ou moins long aient pu
en être extraits soit par les eaux, soit par toute
autre cause capable de désagréger le dépôt,
et qu'ils se trouvent aujourd'hui confondus
avec des objets d'une date beaucoup plus récente. Pendant longtemps on n'a pas voulu
admettre que les dépôts ossifères des cavernes,
surtout ceux qui contiennent des restes humains, pussent avoir une autre origine. Ils
avaient nécessairement été *remaniés*. Mais il
y a des cas où les circonstances du gisement
rendent cette supposition absolument inac-
ceptable. Et tel est celui de la grotte Eyzies
(Dordogne), explorée par MM. Lartet et
Christy.

Une brèche formée d'os fragmentés, de cen-
dres, de charbons, d'éclats et de lames de
silex taillés, d'armes et d'outils en bois de
renne, en recouvre entièrement le sol.

« Tout cela, disent les auteurs, a dû être
saisi et consolidé en brèche dans l'état origi-
nel du dépôt, et avant tout remaniement,
puisque *des séries de plusieurs vertèbres de
rennes et des assemblages d'articulations à
pièces multiples se trouvaient maintenus et
conservés exactement dans leurs connexions*

L'âge du renne dans la France méridionale.

anatomiques; les os longs et à cavités médul-
laires sont seuls détachés, et fendus ou cassés dans un plan uniforme, c'est-à-dire évidemment à l'intention d'en extraire la moelle.
Ce que nous avançons peut d'ailleurs être
constaté par tous les observateurs compé-
tents ; car nous avons eu soin de faire extraire
cette brèche par grandes plaques, et, après
avoir déposé les plus beaux spécimens au
musée de Périgueux et dans les collections
du jardin des Plantes de Paris, nous avons
adressé à divers musées de la France et de
l'étranger des blocs assez considérables pour
que l'on puisse y vérifier l'exactitude des
observations que nous consignons ici. »

La seconde preuve, mentionnée incidem-
ment dans la relation qui précède, nous est
fournie par l'état des os de renne : pas un os
long n'est entier, tous sont brisés, et tous
le sont de la même façon ; constamment la
diaphyse est divisée dans toute sa longueur,
les têtes des os sont seules entières. Évidemment ils ont été brisés dans le but d'en extraire la moelle. De même tous les crânes sont
fracturés.

De plus, on voit à la base d'un grand

nombre de bois les entailles que le couteau
de pierre y a faites en en détachant la peau,
et en bas des os des canons d'autres entailles
transversales faites évidemment en coupant
les tendons. On sait qu'aujourd'hui encore les
Esquimaux détachent ces tendons, les divisent, en font des fils dont ils se servent pour
coudre leurs vêtements de peau, et pour fabri-
quer des cordages d'une grande solidité.

Voici enfin une dernière preuve que M. Milne-
Edwards jugea décisive lorsqu'elle se produisit.

La caverne de Bruniquel (Tarn-et-Garonne),
contemporaine de l'âge du renne, venait de
fournir, outre un grand nombre de bois et
d'os brisés ou sculptés, d'armes et d'outils
trouvés à une profondeur considérable, un os
portant gravées au trait deux têtes, l'une de
cheval parfaitement reconnaissable, l'autre de
renne, non moins bien caractérisée.

« Cette sculpture, quelle qu'en soit la date,
— disait le naturaliste qu'on vient de nommer, — n'a pu être faite qu'à une époque où
les habitants de Bruniquel connaissaient l'animal, dont l'un d'eux a fait le portrait; et ils
ne pouvaient le connaître que si le renne vivait avec eux dans la région tempérée de l'Eu-

rope ; car il nous paraît impossible de supposer qu'à une période si peu avancée de la
civilisation, les peuplades sauvages des rives
de l'Aveyron eussent pris pour modèle de
leurs ornements grossiers un animal exotique
relégué dans les régions circumpolaires.

Outre les dépôts ossifères de l'intérieur des
cavernes, MM. Lartet et Christy ont signalé
dans la Dordogne « des accumulations analogues de débris organiques adossés aux
grands escarpements des calcaires crétacés de
cette région, et quelquefois simplement abrités
par des saillies de roches en surplomb. »

Ces dépôts extérieurs abondent en pierres
taillées et en ossements brisés d'animaux
(cheval, bœuf, bouquetin, chamois, renne,
oiseaux et poissons). Ils ont fourni de beaux
silex, particulièrement la station de Laugerie-
Haute, où paraît avoir été établie une fabrique de têtes de lance. A Laugerie-Basse a
existé probablement une fabrique d'armes et
d'outils en bois de renne. On y a trouvé une
grande variété d'ustensiles, dont quelques-
uns sont ornés de sculptures élégantes. Entre
autres pièces travaillées, MM. Lartet et Christy
citent la suivante.

« Il y a, disent-ils, un morceau capital où
le sentiment de l'art se révèle surtout par
l'habileté qu'a mise l'artiste à plier des formes
animales, sans trop les violenter, aux néces-
sités d'une destination usuelle. C'est un poignard ou courte épée en bois de renne, et
dont la poignée tout entière est formée par le
corps d'un animal; les jambes de derrière sont
couchées dans la direction de la lame; celles
de devant sont pliées sans effort sous le ventre;
la tête, qui a son museau relevé en haut,
forme avec le dos et la croupe une cavité destinée à faciliter l'empoignement de cette arme
par une main nécessairement beaucoup plus
petite que celle de nos races européennes.

« La tête est armée de cornes ramées, qui
se trouvent accolées aux côtés de l'encolure
sans gêner nullement la préhension; mais les
andouillers basiliaires ont dû être supprimés.
L'oreille est plus petite que celle du cerf, et,
dans sa position, plus en rapport aussi avec
celle du renne; enfin l'artiste a laissé subsister sous l'encolure une saillie en lame mince
et déchiquetée sur son bord, qui simule assez
bien la touffe de poils que l'on retrouve souvent dans cet endroit chez le renne mâle. Il

est à regretter que ce morceau nous soit arrivé à l'état de simple ébauche, comme on peut en juger par le travail de la lame non terminé, et par certains détails de sculpture à peine indiqués. »

La station de Laugerie a fourni de plus des aiguilles en os de renne très-pointues à un bout, et percées à l'autre d'un trou destiné à recevoir le fil, et ceci nous explique pourquoi les hommes de ce temps détachaient les longs tendons du renne, ainsi qu'en témoignent les entailles faites au bas des canons.

Dans le même lieu et dans la grotte des Eyzies, on a trouvé un instrument d'un tout autre genre, et qui mérite une mention :

« C'est, disent les auteurs, une première phalange, creuse chez certains herbivores ruminants, et qui se trouve percée artificiellement en dessous, un peu en avant de son extrémité métacarpienne ou métatarsienne; en plaçant la lèvre inférieure dans la cavité articulaire postérieure et en soufflant ensuite dans le trou, on obtient un son aigu analogue à celui que produit une clef forée de moyen calibre. C'était, on n'en peut douter, un sifflet d'appel, d'emploi usuel sans doute chez ces peuplades de chasseurs ; car, jusqu'à présent, nous en avons observé quatre exemplaires, dont trois sont faits avec des phalanges de renne, et le quatrième avec une phalange de chamois. »

Aucun des silex taillés de l'âge du renne, et on en a recueilli des milliers, n'a offert la moindre trace de polissage; mais la taille en est souvent d'une grande perfection.

VII

Après l'époque caractérisée par l'abondance des os et du bois de renne enfouis pêle-mêle avec les humbles produits de l'industrie humaine dans les lieux alors habités par l'homme, est venu dans nos provinces méridionales (comme en témoignent, entre autres, la grotte inférieure de Massat, dans l'Ariége, celle des Espelugues et surtout la caverne de Lourdes dans les Hautes-Pyrénées) l'âge auquel on a donné le nom de ce bœuf farouche, l'aurochs, dont les derniers survivants ne se rencontrent plus que dans quelques forêts de la Lithuanie, de la Russie et du Caucase.

Comme ceux du renne dans l'âge antérieur, tous les os d'aurochs sont brisés.

Ici finissent les âges paléontologiques, et les âges archéologiques commencent. L'ours des cavernes et l'éléphant primitif se sont éteints l'un après l'autre; le renne a émigré vers le nord; il va en être de même de l'aurochs. Mais les animaux domestiques vont apparaître. A la pierre taillée avec un art infini, mais seulement taillée, la pierre polie va succéder, comme à l'âge de la pierre polie succèdera l'âge de bronze, à son tour suivi de l'âge de fer. Passons-les en revue.

VIII

A l'âge de la pierre polie appartiennent les plus anciennes de ces constructions singulières trouvées d'abord en Suisse, puis en France, en Allemagne, en Italie, et qu'on désigne sous le nom d'*habitations lacustres,* et ces immenses *amas de restes de cuisine* qu'on trouve en Danemark. Arrêtons-nous d'abord à ces derniers.

On trouve, disons-nous, sur certains points
des côtes du Danemark, des amas de coquilles
(huîtres, moules, bucardes, littorines), d'os
fracturés de mammifères, de débris d'oiseaux
et de poissons, mêlés d'objets d'industrie humaine. Ces amas ont été nommés *hjœkken-
moeddings*, ce qui veut dire : débris de cuisine.

Ils forment des monticules surbaissés de
trois à quatre cents mètres de long sur cinquante mètres et plus de large, et trois à
quatre mètres d'épaisseur. Çà et là, au milieu de ces amas, on trouve des foyers faits
de pierres plates qui indiquent que là se trouvaient des habitations.

Sir John Lubbock décrit ainsi le kjœkkenmoedding de Meilgaard, qu'il a visité. « Cet
amas de coquilles, un des plus considérables
et des plus intéressants qu'on ait encore découverts, se trouve à peu de distance de la
côte, près de Grenaa, au nord-est du Jut-
land, dans une magnifique forêt de hêtres ap-
pelée Aigt ou Aglskov, propriété de M. Olsen,
qui, par dévouement à la science, a donné
l'ordre que le kjœkkenmoedding ne soit pas
détruit, quoique les matériaux qui le composent soient précieux comme engrais ; une

partie même de cet amas avait été employé
dans ce but, avant que la vraie nature du dépôt eût été indiquée. M. Olsen et sa famille
nous reçurent avec bonté, quoique nous arri-
vassions chez lui sans invitation, sans même
l'avoir prévenu. Il envoya immédiatement
deux ouvriers pour enlever les débris qui
s'étaient accumulés depuis la dernière visite
d'archéologues, de telle sorte qu'à notre arrivée au monticule nous trouvâmes une surface toute fraîche à explorer. Ce kjœkkenmoedding a au centre une épaisseur d'environ dix
pieds, mais cette épaisseur diminue dans
toutes les directions; autour du monticule
principal s'en trouvent de plus petits d'une
nature semblable. Une mince couche de terre
recouvre les coquilles, et les arbres y crois-
sent. Une bonne section d'un semblable kjœkkenmoedding frappe d'étonnement quiconque
la voit pour la première fois, et il est difficile
de faire par des mots la description exacte de
ce spectacle. Le banc tout entier est composé
de coquilles : à Meilgaard les huîtres prédo-
minent; çà et là on découvre quelques os, et
plus rarement encore des instruments de
pierre ou des fragments de poteries. Il n'y a

'ni sable ni gravier, excepté au sommet et à la base; en un mot, cet amas ne contient absolument rien qui n'ait servi à l'usage de l'homme. Les seules exceptions que j'aie pu remarquer sont quelques grossiers cailloux de silex, mais en bien petit nombre, et qui probablement ont été pêchés avec les huîtres. »

Les kjœkkenmoeddings ne renferment aucun instrument de métal. On les regarde comme appartenant au premier âge de la pierre polie.

Les fouilles qu'on y a faites ont permis de reconstruire la faune de cette époque. Voici la liste des principales espèces :

L'urus, le cerf, le renne, le chevreuil, le sanglier, le loup, le chien, le renard, le lynx, le chat sauvage, le phoque, la loutre, le castor.

, Parmi les oiseaux, le cygne sauvage, l'oie, le canard, le coq de bruyère, le grand pingouin.

Parmi les débris de poissons on a pu reconnaître le hareng, le cabillaud, la limande, l'anguille. Le chien était le seul animal domestique.

On vient de voir que les os du coq de bruyère sont au nombre des restes d'oiseaux

que renferment les débris de cuisine ; la présence de cette espèce va nous permettre de
nous faire quelque idée de l'antiquité de ces
dépôts.

Le coq de bruyère, friand des pousses prin-
tanières du pin, a nécessairement déserté le
Danemark du jour où cet arbre a cessé d'y
croître.

Or certaines tourbières que les Danois nomment *skovmose* ou *marais d'arbres,* nous
donnent la preuve irrécusable qu'aux sombres
forêts de pin sylvestre, d'une circonférence de
trois mètres, qui ont couvert le Danemark en
des temps si reculés qu'aucune tradition ne les
mentionne, ont succédé des forêts de chêne
rouvre (*quercus robur sessiliflora*) formées
d'arbres d'un mètre trente-trois centimètres
de diamètre ; que les forêts de chêne rouvre
ont été à leur tour remplacées par des forêts
de *quercus pedunculata,* également rayé aujourd'hui de la flore locale ; car c'est le hêtre qui
constitue maintenant les forêts du pays. Ces
forêts ont donc été trois fois renouvelées depuis
que les hommes des kjœkkenmoeddings, à
l'aide de la flèche à pointe d'os et du chien déjà
domestique, abattaient et capturaient le coq

de bruyère, et, par le moyen de la pierre et
du feu, travaillaient le pin primitif, où l'on
voit encore aujourd'hui l'empreinte de leurs
mains.

IX

La première découverte en fait d'*habitations
lacustres* date de l'hiver de 1853 à 1854 ; elle a eu
lieu sur le lac de Zurich, vis-à-vis de Meilen.
Grâce à un abaissement extraordinaire des
eaux, les ouvriers employés à des travaux de
terrassement trouvèrent sous le limon de nombreux pilotis encore debout, des charbons, des
foyers, des ossements, des instruments divers.
Le docteur Ferdinand Keller, prévenu de cette
trouvaille, accourut sur les lieux, et ne tarda
pas à déterminer la nature des constructions
dont on venait de rencontrer les débris. Dès ce
moment, un nouveau champ d'exploration fut
ouvert. Les pilotis de Meilen, usés par les eaux
et recouverts par trente-cinq à soixante-dix
centimètres de limon, traversent une couche
de soixante-six centimètres d'épaisseur formée
d'argile sablonneuse et colorée en noir par la
décomposition des matières organiques. Cette

Habitations lacustres de la Suisse.

couche contient tous les débris énumérés ci-
dessus. Elle repose immédiatement sur le fond
primitif du lac, fond dans lequel les pilotis
pénètrent jusqu'à la profondeur de neuf mètres
et davantage. Ces pieux sont disposés parallèlement à la rive. Leur épaisseur est de onze à
seize centimètres. Les uns sont en chêne, les
autres en hêtre, en bouleau et en sapin. Quelquefois ils proviennent de troncs fendus en
trois ou quatre morceaux. Leur extrémité inférieure a été façonnée en pointe à l'aide du
feu et de la hache. Plusieurs ont été taillés
avec la hache de bronze ; cependant presque
tous les instruments trouvés dans le limon
sont en pierre et en os. On trouve aussi des
haches en pierre, des cailloux utilisés comme
marteaux, des meules, des pierres à aiguiser,
des pointes de flèches et de lances, des couteaux et de petites scies en silex, et des dalles
de grès calcinées ayant servi de foyers. Les
instruments en os consistent en ciseaux, en
poinçons, en aiguillettes munies d'un œil.
Les ossements, découverts en grand nombre,
provenaient de l'aurochs, de l'élan, du cerf, du
daim, du chevreuil, du bouquetin, du sanglier
et du renard, et, en fait d'animaux domes-

15*

tiques, du chien, du mouton et du bœuf. On
trouva aussi quelques squelettes humains.
Bientôt on acquit la certitude que la pêche et
la chasse n'étaient pas les seuls moyens d'existence des antiques habitants de Meilen ; des
grains de froment conservés dans le limon
prouvaient qu'ils avaient connu l'agriculture.

Nous avons insisté sur cette découverte,
parce que c'est la première qui fut faite. Les
autres nous donneraient lieu de constater des
faits analogues à ceux qui précèdent. L'emplacement du lac de Pfeffikon, dans le canton de
Zurich, était à deux mille pas de la rive occidentale, à trois mille de la rive septentrionale.
Il n'occupait pas moins de cent vingt-six mille
pieds carrés. Celui de Wangen, sur le lac de
Constance, était composé de quarante mille
pieux. Au lac de Moosedorf, canton de Berne,
dont les pieux portent encore les entailles
faites par les haches de pierre, on trouva des
fragments de poterie d'une argile grossière
dont la pâte est mélangée de petits cailloux si-
liceux, et des grains d'orge agglomérés par la
carbonisation ; au lac de Zurich, des plaques
de mollasse utilisées comme foyers, des meules
de moulin, des cordes et des câbles faibles faits

avec l'écorce de différents arbres. On reconnut
que la *plate-forme* sur laquelle reposaient les
cabanes était formée de traverses et de pla-
teaux de deux à trois pouces d'épaisseur, fixés
sur les pilotis au moyen de chevilles en bois ;
ces chevilles, les trous, ainsi que les entailles
carrées qu'on voit sur les pilotis, ont tous été
faits à l'aide d'instruments en pierre. On a
trouvé sur le lac de Constance des vases contenant des graines de pin, des noisettes et des
pepins de pommes ou de poires sauvages ; on y
trouva même des quantités de poires et de
pommes qui avaient certainement été dessé-
chées pour en faire des provisions.

Il est bon de faire remarquer que le genre
dé vie adopté par le peuple dont les habitations ont été retrouvées au fond des lacs en tant
de contrées différentes de l'Europe, si singulier qu'il paraisse, n'est cependant pas un fait
isolé. A la Nouvelle-Guinée, les Papous bâ-
tissent également sur pilotis, et ces pilotis,
enfoncés dans la mer à une certaine distance
du rivage, parallèlement à celui-ci, supportent
à huit à dix pieds au-dessus de l'eau un plan-
cher de pièces de bois rondes qui à son tour
supporte des cabanes circulaires ou carrées,

formées de pieux rapprochés et de branches
entrelacées, et recouvertes d'un toit conique
et à deux pans. Un ou deux ponts étroits conduisent à la rive. Exactement semblables (sauf
la différence d'une station lacustre à une station maritime) étaient les habitudes de ces
Péoniens du lac Prusias (Romélie moderne),
que Mégabyze ne put soumettre, dont les
demeures, au rapport d'Hérodote, étaient construites de la manière suivante : « Ils fixent sur
des pieux élevés, enfoncés dans le lac, un écha-
faudage bien lié, qui n'a d'autre communica-
tion avec la rive qu'un pont étroit; chacun,
sur cette plate-forme, a sa cabane, où se
trouve une trappe qui donne sur le lac, et, de
peur que leurs petits enfants ne tombent à
l'eau, ils les attachent par le pied avec une
corde; le lac est si poissonneux, qu'en y des-
cendant un panier par la trappe, on le retire
à peu près plein de poissons. » Les demeures
des Papous, comme celles des Péoniens, sont
exactement conformées sur le même modèle
que les habitations lacustres de l'Europe primitive; et assurément la condition de ceux qui
ont élevé ces dernières était très-supérieure
au sort des habitants de cette cité aquatique

bâtie dans une crique de la rivière Tsadda, et
qui, il y a douze à quinze ans, causa tant de
surprise au docteur et naturaliste anglais
Baikie, faisant partie de l'expédition du navire
Pleïade sur le Niger. A l'approche des explorateurs, les habitants sortirent de leurs demeures ayant de l'eau jusqu'aux genoux; un
enfant en avait jusqu'à la ceinture. « Nous
vîmes de ces huttes, dit le docteur, qui, si
elles sont habitées, obligent leurs habitants de
plonger comme des castors pour en sortir ou
pour y rentrer. Nous n'aurions jamais imaginé,
ajoute-t-il, des créatures raisonnables formant
par goût comme une colonie de castors, et
ayant les mœurs des hippopotames et des
crocodiles qui infestent les marais voisins. »

Les ossements d'animaux découverts dans
les ruines des habitations lacustres de la Suisse
ont été déterminés par M. le professeur Rütimeyer. Ils appartiennent à quarante espèces :
vingt-huit mammifères, six oiseaux, deux
reptiles, quatre poissons. Parmi les mammifères se trouvent tous les animaux anciennement domestiques : le chien, le cochon, le
cheval, la chèvre, le mouton et le bœuf. Ce que
M. Rütimeyer a fait pour la faune, M. le pro-

fesseur Oswald Heer l'a fait pour la flore ; il a
dressé la liste des graines, des fruits et des
plantes dont l'homme faisait usage en ces
temps reculés. Elle comprend vingt-six ar-
ticles. En céréales : le froment ordinaire,
l'épeautre, l'orge à six rangs et l'orge à deux
rangs. En fait de fruits : deux variétés, l'une
sauvage, l'autre cultivée, du pommier ; le poi-
rier, le cerisier et le prunier. Comme plante
textile : le lin. Comme fruits comestibles des
forêts : noisette, hêtre, ronce, framboisier,
fraise, prunelle bleue. La châtaigne d'eau (*tra-
pa natans*), employée alors comme aliment, a
disparu aujourd'hui des lacs suisses, et il en est
à peu près de même du nénuphar nain (*nenu-
phar pumilium*), car on ne les trouve plus que
dans un lac du canton de Grisons.

X

Après l'âge de la pierre polie il y a eu l'âge
du bronze, auquel remontent les constructions
lacustres de la Suisse occidentale, et que tra-
versaient les habitants de la future Chersonèse
cimbrique alors que les chênes couvraient leur

pays, ce que prouvent les beaux instruments
en bronze trouvés dans les tourbières que le
chêne a remplies.

Enfin, après l'âge du bronze, il y a eu le premier âge du fer, dont les plus récentes ou les
moins anciennes des habitations lacustres,
celle de la Tène, par exemple, sur le lac de
Neuchâtel, nous ont conservé les monuments.
Les pointes de javelots et les pointes de lances,
les haches à large tranchant, les épées, les
faux et les faucilles y abondent, le tout en fer :
peu d'ornements, l'utile ; non plus l'épée à petite poignée de l'âge précédent, mais l'épée
calculée pour une main d'homme de taille ordinaire, à deux tranchants, longue de quatre-
vingts à quatre-vingt-dix centimètres.

La hache aussi est bien plus grande et bien
plus forte que celle de l'époque du bronze, et
il en est de même des faucilles, qui ont la dimension des nôtres. Les fers de lances ont jusqu'à quarante centimètres de long. Un peuple
robuste, guerrier, s'est donc superposé à la
race chétive de l'âge du bronze. Il parut en
conquérant sur les bords du Rhin, apportant,
avec le fer, la poterie rouge et la monnaie. La
monnaie, en bronze simplement coulé dans

des moules, montre d'un côté l'effigie d'un
homme vu de profil; de l'autre, l'emblème ca-
ractéristique du Gaulois, le cheval cornu. Les
peuples du premier âge de fer appartiennent
donc à la grande souche gauloise, et nous
sommes maintenant en présence des Helvé-
tiens.

Entre leur arrivée et l'époque romaine, le
temps écoulé fut assez long pour que les constructions élevées par eux sur les lacs de
Bienne et de Neuchâtel, constructions dont
sans doute ils firent des magasins plutôt que
des lieux d'habitation, tombassent en désué-
tude, disparussent sous l'eau des lacs, et
même s'effaçassent de la mémoire des hommes;
car, ainsi que M. E. Desor en a fait la remarque, aucun auteur romain, même parmi
les plus prolixes, ne les a mentionnées.

SUR QUELQUES ANIMAUX

RÉCEMMENT DISPARUS

On voit par ce qui précède que le grand phénomène de l'extinction des espèces s'est conti-
nué depuis l'apparition de l'homme.

L'ours des cavernes, l'hyène des cavernes,
l'éléphant primitif ou mammouth, le *rhinoceros tichorhinus,* couvert d'un poil laineux
comme le mammouth, l'*hippopotamus major*
ont été rayés du nombre des vivants depuis
que l'homme habite l'Europe.

En est-il de même du tigre des cavernes?
Sur ce point il y a doute. M. Lartet a émis
l'opinion que les lions qui, en Thessalie, atta-
quèrent les bêtes de somme de l'armée de
Xerxès, appartenaient à cette espèce, et, d'a-
près M. Falconer, le grand *félis* du nord de la

Chine et des montagnes de l'Altaï serait le représentant vivant du *felis spelœa*.

Si ces suppositions sont exactes, le grand
tigre des cavernes devrait donc être placé dans
la catégorie des espèces dont les limites géo-
graphiques n'ont cessé de se resserrer depuis
les temps quaternaires; à cette catégorie appartiennent le bœuf musqué et le renne, qui
ne se trouvent plus que dans les régions arctiques, et l'aurochs, dont l'espèce serait éteinte
depuis longtemps si elle n'était l'objet de soins
particuliers.

Ces phénomènes sont anciens; mais des phénomènes analogues n'ont cessé de se reproduire depuis les temps historiques, et ils se
produisent encore sous nos yeux.

Parmi les animaux dont la disparition est
la plus récente, nous citerons le dinornis et le
dronte.

Quand, il y a six à huit siècles, les *Maoris*
débarquèrent à la Nouvelle-Zélande, l'île était
peuplée d'immenses troupeaux de dinornis et
de palaptéryx[1]. Il ne s'y trouvait guère d'autre
gibier. Les immigrants leur donnèrent la

---

[1] Voir plus haut l'histoire de ces oiseaux.

chasse. Les poëmes en langue maori enseignent la manière de combattre ces oiseaux
gigantesques. Le poëte décrit les fêtes qui
avaient lieu au retour de ces expéditions. On
a trouvé dans le voisinage d'anciens campe-
ments des monceaux d'os de moas provenant
des festins des indigènes. La disparition de ces
oiseaux s'explique donc aisément : elle est
le résultat de la guerre d'extermination que
l'homme leur a faite.

L'extinction du dronte est probablement
plus récente encore.

En 1598, des matelots hollandais relâchant
à l'île Maurice, jusque-là inhabitée, y rencontrèrent un grand nombre d'oiseaux lourds
et stupides, également incapables de se dé-
fendre et de fuir. Ces oiseaux étaient des
drontes. Poussés par la faim, car la chair du
dronte était détestable, les matelots en assom-
mèrent une grande quantité. Ainsi firent ceux
qui depuis s'arrêtèrent dans cette île, et surtout les colons qui s'y établirent en 1644. Lorsque Leguat visita Maurire en 1693, il ne s'y
trouvait plus un seul dronte ; l'espèce a disparu
entre 1681, date de la dernière mention qui ait
été faite d'individus vivants, et 1693. Jusque

dans ces dernières années on ne les connut même que par des restes très-incomplets, conservés dans les musées, et par un dessin fait d'après un individu qui fut amené à Londres en 1638. Mais récemment on a trouvé au milieu d'un sol tourbeux un assez grand nombre d'os de dronte. Il reste cependant des doutes sur les affinités de ces oiseaux : les uns les classent parmi les pigeons, les autres pensent qu'ils tenaient des vautours.

Ces faits, que nous pourrions multiplier, montrent que l'extinction des espèces est un fait continu, normal, qui s'opère sans l'intervention de ces cataclysmes dont l'ancienne géologie était si prodigue, et par le seul fait entre autres causes de la concurrence vitale; d'où suit qu'entre les espèces vivantes et les espèces éteintes il n'y a pas de ligne de démarcation possible.

FIN

TABLE DES MATIÈRES

3923. — Tours, impr. Mame.

www.ingramcontent.com/pod-product-compliance
Lightning Source LLC
Chambersburg PA
CBHW060129200326
41518CB00008B/982